收起你的玻璃心碎给谁看

芊君◎著

北方文艺出版社

图书在版编目（CIP）数据

收起你的玻璃心，碎给谁看 / 芊君著 . —— 哈尔滨：
北方文艺出版社，2019.12
ISBN 978-7-5317-4679-9

Ⅰ.①收… Ⅱ.①芊… Ⅲ.①情绪－自我控制－通俗读物 Ⅳ.① B842.6-49

中国版本图书馆 CIP 数据核字（2019）第 236558 号

收起你的玻璃心，碎给谁看
Shouqi Nide Bolixin，Suigei Sheikan

作　者 / 芊　君	
责任编辑 / 路　嵩	封面设计 / 米　乐
出版发行 / 北方文艺出版社	邮　编 / 150080
发行电话 /（0451）85951921 85951915	经　销 / 新华书店
地　址 / 哈尔滨市南岗区林兴街 3 号	网　址 / www.bfwy.com
印　刷 / 三河市人民印务有限公司	开　本 / 880mm×1230mm　1/32
字　数 / 200 千	印　张 / 9.25
版　次 / 2019 年 12 月第 1 版	印　次 / 2019 年 12 月第 1 次印刷
书　号 / ISBN 978-7-5317-4679-9	定　价 / 42.00 元

目 录

第一章 拒绝玻璃心，为什么受伤的总是你

1. 内心敏感，一点小事就会胡思乱想 / 003
2. 多愁善感的心，总是莫名伤感 / 007
3. 虽然很优秀，但内心仍然担惊受怕 / 011
4. 你是不是经常委屈自己，讨好他人 / 015
5. 心理测试：你的情绪容易受到他人的影响吗 / 019
6. 成天与假想敌互掐，怎能不心累 / 024
7. 越敏感越孤独，越孤独越敏感 / 028
8. 太脆弱，轻而易举被伤得遍体鳞伤 / 032
9. 心理测试：你是一个高敏感者吗 / 036

第二章 别怕！敏感不是缺陷，而是被误读

1. 敏感不是一种弱点或缺陷 / 043
2. 敏感没什么大不了，接受敏感的事实 / 046

3. 不给自己贴标签，错的是社会定义不是你 / 049

4. 心理测试：你是不是也有一颗玻璃心 / 053

5. 并不是所有内向的人，都是高敏感者 / 058

6. 敏感无妨，不必在努力"合群"中找存在感 / 061

7. 不必自卑，你会爱上这样的自己 / 065

8. 急于摆脱敏感的特质，不如找到适合自己的生活方式 / 069

第三章 扬长避短，让敏感成为你的职业优势

1. 玻璃心的人通常富有超强的创造力 / 077

2. 逻辑缜密，心思细腻，不容易犯低级错误 / 080

3. 对细节的敏感，让你在职场脱颖而出 / 084

4. 利用敏感者敏锐的洞察力获得成功 / 087

5. 敏感者特有的丰富想象力是成功人士都有的特质 / 091

6. 顺应敏感的天性择业，必有所成 / 094

7. 商机属于对外界变化敏感的人 / 098

8. 成不了精英不要紧，用心做自己就好 / 102

9. 无视别人的眼光，把精力投入到自己擅长的事上 / 106

第四章 善共情，用适当的敏感力打造舒服的人际关系

1. 因为性格敏感，所以会特别记得别人的好 / 113

2. 敏感的人，更会照顾别人的感受 / 116

3. 敏感的人擅长读心术——通过细节判断对方心理 / 120

4. 注意这些细节，让人觉得和你相处很舒适 / 124

5. 敏感的人从不轻易给别人添麻烦 / 128

6. 敏感的人能察觉他人的需要,并及时伸出援手 / 133
7. 看穿但不说穿,是对别人最大的善意 / 137
8. 默默陪伴胜过千言万语 / 141
9. 敏感的人总能体察别人的痛处,并绕行 / 145
10. 懂得体谅别人的难处,有一种善良叫不刻薄 / 148
11. 不要看别人说什么,而要听其没说的心声 / 152

第五章 对美好事物的感知力决定你的幸福度

1. 敏感之心是上天对你的善意安排 / 159
2. 敏感,让你具有丰富的感知力 / 162
3. 心情记录:留下那些美好的回忆 / 165
4. 做一些让自己快乐、有成就感的事 / 169
5. 善于欣赏自然的美 / 172
6. 音乐,感悟人生的另一种美 / 176
7. 关注小确幸,而不是大而全的成功 / 179

第六章 学会拒绝,设置底线隔离伤害

1. 学会对他人的越界行为说"不" / 185
2. 不过度负责,避免吃力不讨好 / 189
3. 拒绝别人要顾及别人的自尊 / 193
4. 无声拒绝,让别人心领神会 / 197
5. 用肢体语言做出拒绝的姿势 / 200
6. 在拒绝前,要找到替代方案 / 204
7. 心理测试:你能正确处理彼此的关系吗 / 207

收起你的玻璃心，碎给谁看

第七章　停止内耗，走出情绪漩涡

1. 玻璃心的人容易被内耗拖垮　　　　　　　　／215
2. 适当降低自我要求，从而缓解焦虑　　　　　／219
3. 原谅自己的不合群　　　　　　　　　　　　／223
4. 保持积极心态，改变"恶性循环"　　　　　／227
5. 当你被自身情绪淹没时，请允许自己感受情绪　／231
6. 警惕独处的需求成为一种负担　　　　　　　／235
7. 停止追求完美，不苛责自己　　　　　　　　／239
8. 摒弃多余的内疚感，学会与自己和解　　　　／243
9. 学会移情，停止纠结　　　　　　　　　　　／246

第八章　强化心理韧性，让孤独成全你的与众不同

1. 反脆弱：塑造强大的内心　　　　　　　　　／253
2. 享受独处：一个人，也不要怕　　　　　　　／256
3. 敏感注定了你的特立独行　　　　　　　　　／260
4. 内心要足够强大，才支撑得起敏感的天赋　　／264
5. 越是被人嘲笑的梦想，越值得去追求　　　　／269
6. 做点看似"无用"的事　　　　　　　　　　／273
7. 倾听内心的召唤，不要什么都被外人所左右　／277
8. 增强内心的滤镜功能，所有敏感困扰将不攻自破　／282
9. 夯实内心的自信根基，你将百毒不侵　　　　／286

第一章

拒绝玻璃心,为什么受伤的总是你

第一章　拒绝玻璃心，为什么受伤的总是你

1. 内心敏感，一点小事就会胡思乱想

　　生活中，经常会有一些人，遇到一点儿小事儿就喜欢胡思乱想。因为别人无心的一句话或者一个动作，就暗自怀疑：对方是否对自己不满？

　　这种行为不但会让自己不开心，也会给别人带来烦恼。有时候，人们甚至不客气地称呼他们"神经质"。

　　孙倩是一个大学生，她总是觉得寝室的一个舍友对自己有意见。比如说，某一天晚上在寝室的时候，舍友指着垃圾桶对孙倩说道："你的垃圾是不是该倒了？"或者是，约好和舍友一起出去逛街，在出门之前，舍友收拾了好久，孙倩这时心里就想："她是不是不愿意和我一起出去玩？"或者是某次考试写答案的时候，写错了，孙倩就会怀疑自己考试会不及格，并因此一连好几天郁郁寡欢。

　　……

　　经常因为一些小事就胡思乱想的人，其实并不是"神经

收起你的玻璃心,碎给谁看

质",他们只是因为内心比较敏感而已。

因为内心比较敏感,他们遇到事情,才会多想。而且,与别人相处时,太过在乎别人的想法,所以总是小心翼翼。这样的行为不但容易让别人产生误解,也会使自己活得很累。

李想是一个公司的小职员,因为性格敏感,在公司的人缘不是太好。有一次,公司聚餐,在饭桌上,李想听到有位同事吐槽:"这个项目真是越来越难做了,上司难搞,同事也不给力。"

而李想正好也参与了这个项目。听了同事的话,他心想:"他说的不给力的同事难道是我吗?平时工作时,就我和他打交道最少。"这样一想,李想的脸色就有些难看,因此,在同事过来说话的时候,就没理会对方,饭桌的气氛顿时陷入了尴尬。之后,那位同事更是对李想敬而远之。

其实,喜欢胡思乱想的现象在生活中非常常见。当我们遇到比较在意的事情时,就会下意识地去想。只是玻璃心的人,因为太在意,想得会更多。他们常常将别人的看法看得相当重要,失败了害怕别人的嘲笑,成功了又害怕别人的嫉妒。每做一件事情,都会下意识地去担心"别人会因为这件事情受到什么影响,会不会给别人留下坏印象"。

因此,当有人发表一个与他相关的事情的看法后,他就会惴惴不安,认为对方对自己有意见。这种过度的敏锐,有时候是一件好事,比如,可以让人更加敏锐地察觉到别人的情绪,从而善解人意地去关心、安慰别人。但是,在绝大多数时候,这只会让你因为别人的评价和看法而陷入自我怀疑之中。

有人曾说过:"没有人是完美的,也没有人能够得到所有人的喜欢。"

有的人会因为你身上的一个优点而喜欢你,有的人也会因为这个优点而讨厌你。喜欢胡思乱想之人,对于别人的情绪总是特别敏感。当感受到别人不喜欢自己的时候,他们就会惶恐、紧张。久而久之,将自己困囿于情绪之中,从而使内心越来越敏感,自己也逐渐变得越来越容易受伤。

从另一个角度看,胡思乱想、玻璃心恰恰证明了你的内心正处在不安的阶段。在认知一件事情时,往往会产生一些"认知扭曲",比如以下几种:

(1)以偏概全

当遇到一件小事时,你习惯通过这件小事去推断全局,而且心中会产生"这件事情已经发生了无数次"的想法。当这种想法充满你的大脑时,你就会下意识地联想到很多没有发生过的事情。

比如说,某次考试失败了,你就会想:如果我的成绩不及格,老师就不会喜欢我、看重我了。从此以后,我的求学路上将是一片黑暗,人生将因此失败。然而,人生又怎能因为一场小考试就失去希望呢？

（2）妄下结论

我们可以发现，那些喜欢胡思乱想的人都非常喜欢妄下结论。在一件事情明明还没有结束时，他们的心中就已经得出了"一定会失败"的结论。从此，陷入自怨自艾之中，不再努力。

比如说，有一个人想挖一口井，这样以后用水就会很方便。结果挖到10米的时候，还没有出现水。他沮丧地想：也许我根本挖不出水来，我为什么要挖井，难道买水不行吗？其实，泉口就在下面1米处，只要再挖一会儿就能出水了。然而，此时他已经放弃了。

（3）谴责自己

玻璃心的人，常常喜欢谴责自己。一遇到失败的事情，他们就喜欢将原因归咎于自己。接着就会胡思乱想。即便责任可能并不在于他们。

比如，你的室友看起来不太高兴，尽管他掩饰得很好，但你还是一眼就看出来了。然后你心里就会想："是不是我哪里做得不好，惹他生气了？或者是，因为上午他找我帮忙的时候，我没有答应，所以他生气了……"并因此陷入无限循环的不安和内疚。

你仔细想过没有，你室友的不高兴，可能只是因为刚刚输了一盘游戏而已。

第一章　拒绝玻璃心，为什么受伤的总是你

（4）负面过滤

喜欢胡思乱想的人，心中想的往往都是一些不好的事情，而且经常很容易为一些小事情心烦意乱。比如说"我今天上班迟到了""我今天做错了三个题""老师让我起来回答的问题我不会""男朋友没吃我做的早饭，是不是不喜欢我了""快递盒子坏了，是不是快递员对我有意见"……他们每天只会记得这些负面的事情，内心也只会因此而越来越敏感。

当过于在意一件小事时，你就会失去对全局的观察和判断。你的思绪会引导你考虑各种不好的可能，从而使你陷入不安和惶恐之中，而内心也会变得越来越敏感。这样的人往往很难适应越来越复杂的社会环境，从而被淘汰。

2. 多愁善感的心，总是莫名伤感

若是论起"多愁善感"，人们的脑海中第一时间浮现的便是红楼梦中那个身影袅娜的绝色佳人——林黛玉。书中曹公对其相貌描写为"两弯似蹙非蹙笼烟眉，一双似喜非喜含情目……心较比干多一窍，病如西子胜三分"。

乍读之下，便让人觉得这是一个内心敏感，多愁善感的美女子。而事实也的确如此。在《红楼梦》中，林黛玉寄身

收起你的玻璃心，碎给谁看

于贾府，性格非常敏感，不肯多行一步，多说一句话，时时在意，就害怕被别人耻笑了去。

林黛玉拥有一颗多愁善感的心，会因为落花联想到自己，并因此而伤感。于是，便有了"葬花"一说。她会因为宝玉的无心之言而垂泪，会因为害怕下人对自己指指点点，而在自己需要燕窝、人参时，不好向贾府开口……

因此，在生活中，人们喜欢将那些多愁善感之人比作"林黛玉"。而生活中的"林黛玉"比比皆是。他们会因为别人的一句话或者一个举动而伤心；会因为一首歌或者一段文字，甚至一个陌生而又熟悉的身影，内心深受触动，而情绪低落；会因为电视中的某个情节而莫名伤感……

某一天晚上，李珊快要入睡时接到朋友的电话。电话里，朋友泣不成声。李珊以为朋友遇到了多么严重的事情，瞬间吓得没有了睡意，连声问怎么了。

朋友大哭着说道："正焕哥哥真的是太可怜了，德善那么爱他，结果他竟然错过了。"

李珊听得糊里糊涂，问道："正焕是谁啊，听着像是个韩国人。"

朋友一边生气一边哭着说："你真是太不解风情了，就是《请回答1988》里的角色啊，德善是女主角，我本来很希望他们两个在一起的，结果却没有。唉，我真的好可怜，连一个喜欢的人都没有。"说着又哭了起来。

第一章 拒绝玻璃心,为什么受伤的总是你

听到这里,李珊哭笑不得。只不过是电视剧中的情节而已,朋友竟然哭得这么伤心,而且还联想到了自己,真是太多愁善感了。就现在这种情况,李珊也只能好生安慰她了。

其实,人们很容易受到外界影响而变得多愁善感,内心也因此变得敏感而脆弱。尤其是在成长的过程中,人们经历了很多以前没有经历过的事情后,心事越来越多,心中积压的负面情绪也变得愈加强烈,从而使自己变得越来越敏感、脆弱。

多愁善感的人往往感情丰富。他们也许会因为求而不得的爱情,也许会因为分道扬镳的友情,或者会因为越来越不能理解的亲情……而陷入烦恼之中。多愁善感的人,总会有这样两个特点:

一个是内心孤单。

我们发现,小朋友基本上都是无忧无虑的。他们即使烦恼,也是烦恼"零花钱没有了,没办法再去买零食了"这种小事情。一旦他们身边有了小伙伴的陪伴,那些烦恼转眼就被抛之脑后了。然而,随着年龄的增长,人们会发现身边的小伙伴都各奔前程,聚少离多了。即使见了面,彼此之间也因为生活经历的不同有了生疏感。

当踏入社会之后,因为各种利益纠葛,人与人之间的相处不再像小时候那样纯真,人们开始感受到孤独的力量。尤其是到了一个新环境,一开始会觉得与周围环境格格不入,

收起你的玻璃心，碎给谁看

而玻璃心的人这种感觉愈加明显。他们甚至会为了一件小事情，比如别人的一句话，而伤心不已。并渐渐变得沉默寡言，无法与周围的人和谐相处，从而形成恶性循环。

另一个是具有丰富的联想力。

多愁善感之人往往都有非常丰富的联想力。他们会因为叶子黄了、花落了联想到自己不好的处境而伤感。在别人眼里毫无意义的事情，到他们那里便会联想出无数的事端，并为此莫名伤感。

其实，那些人之所以多愁善感，只不过是因为性格太过敏感而已。多愁善感并不是一无是处，当将其应用到正确的地方时，它能够产生巨大的能量，使多愁善感之人比别人更容易完成某些事情。所以，多愁善感的人并不需要自卑。多愁善感之人往往心思细腻，善于观察身边的事物，有不同的感受。就如同《红楼梦》中的林妹妹，她虽然多愁善感，但却拥有过人的才华，是《红楼梦》众多姐妹中最有才情的一个。那些被人追捧的情感细腻的诗词正是源于她的"多愁善感"。

所以说，当你多愁善感时，不妨将那些丰沛的感情用文字记录下来，使之变成一篇情感丰富的文章。对于文章而言，娓娓道来的真实情感最为动人。或者当你感到落寞、孤单时，不妨去繁华的街道走一走，感受一下热闹的车水马龙，并且用相机记录下来……事实上，感情丰沛之人最能够发现生活的美好之处。若是能够将其记录在文字中，定格在相片中，时时欣赏，岂不是一件美事。

当然，我们也不能过度沉浸在多愁善感的情绪之中。适当的伤感可以激发你的灵感，但是太过沉浸其中，于身、于心都无益处，而且还会使生活的色调变得灰暗。

有人曾经说过："鱼的记忆只有 7 秒钟。"当遇到不开心的事情时，不妨将自己当成一条鱼，伤感 7 秒钟之后，就将其忘掉，不被其左右。然后重新开始自己美好的人生。

3. 虽然很优秀，但内心仍然担惊受怕

"恭喜你，这次的工作取得了很好的成绩。""唉，只是这一次而已，谁知道下一个项目会做成什么样？"

类似这样的对话，在生活中经常能够听到。生活中总是有这样一群人，在别人的眼中，他们已经很优秀了，但他们依然焦虑不安。当前的成就并不能带给他们成就感，他们永远在担心下一次是否会失败。

他们十分在意自己的穿着打扮，一言一行都小心翼翼。无论做什么事情都力求做到最好，一旦中间出现了什么错误，便会惶恐不安。他们总是担心自己的错误会让别人产生不悦，并会因此不断地责怪自己。

收起你的玻璃心，碎给谁看

其实，他们之所以出现这样的行为，是因为他们内心的不自信。因为不自信，他们时时刻刻都处于焦虑之中，对于别人的看法尤为敏感。在做事情时，他们常常害怕做不好，在他们看来，虽然这次成功了，但不能保证下一次也会成功。而这样的担心不但对成功助益不大，反而可能导致本来有把握的事情发挥失常。

同时我们也可以发现，某些不自信的人经常喜欢和别人比较，尤其喜欢和对方的长处比较。当发现自己不如对方时，就会产生忧虑，情绪也会低落下来，即使是在自己已经是别人眼中的优秀人士时。

美国著名作家杰克·霍吉曾经说过："思想决定行为，行为养成习惯，习惯形成性格，性格决定命运。"如果一个人的性格中包含了不自信，那么他的内心就会时时处在于敏感之中。无论取得了什么样的成就，他内心依然不会快乐。

王然在别人眼中是一个事业有成的人士，年纪轻轻就已经成为一家大公司的部门主管。他谈吐优雅，幽默风趣，处变不惊，在公司里也有着非常好的人缘。但是却没有人知道，在私下里王然时刻都处于焦虑之中。

上个月，他们部门刚刚签订了一个大订单。朋友知道了，约王然出来庆祝，酒酣之际，朋友却看到王然面带忧愁，就不解地问道："刚签订了大单，你怎么看起来不高兴？"

"唉，有什么可高兴的，这个单子是搞定了，但下一个

第一章 拒绝玻璃心,为什么受伤的总是你

单子还不知道在哪里呢,如果下个月没业绩,公司肯定会不满意的。"

看着王然担忧的样子,朋友顿时有些无语。

有一些玻璃心的人,也许平日里看起来是一个性格开朗的优秀人士,但他们内心却总会为未来没有发生的事情而担惊受怕,或者可以用"杞人忧天"一词来形容。其中的原因除了不自信之外,还和他们害怕失败有关。

越是玻璃心的人,越是害怕失败。甚至在一次失败之后,他们就再也无法承担下一次失败所带来的后果。因此,无论在做什么事情之前,他们总是担惊受怕。其实他们大可不必如此。

当一件事情失败之后,我们不必害怕,从中总结失败的经验并且学习它,这样才能在下一次失败出现之前及时察觉并且战胜它。

生活并不是一帆风顺的,我们总会遇到各种各样的挫折和磨难。但是,正是这些挫折和磨难让我们不断成长,让我们的生活更加丰富多彩。

著名作家史铁生的身体非常不好。在身体瘫痪之后,他又患上了严重的肾病。很多人经历这一重又一重的打击之后,很可能就此放弃了。但是史铁生没有。**他身体不便,为了不给家人添麻烦,大部分的时间都独自一人去附近的地坛待着,在那里看书或者写作。**

收起你的玻璃心，碎给谁看

至此，史铁生只有两个选择：要么好好活着，要么立马去死。如果选择死亡，那么他就可以解脱了。但是，他却选择用泰然处之的态度去面对生命中的不幸。他在《我与地坛》中这样写道："死是一件无须乎着急去做的事，是一件无论怎样耽搁也不会错过了的事，一个必然会降临的节日。"

史铁生之所以如此豁达，正是因为他拥有强大的内心。即使面对生活中的不幸和挫折，他依然能够坚强地面对。

内心敏感，每天为了各种事情担惊受怕的人，从根本上说是因为内心不够强大，他们很容易被外界的环境所左右，对于自己的能力和处事没有信心。甚至明明自己已经做得很好了，因为别人一句不好的评价，就对自己的能力产生怀疑。长此以往，很容易让自己陷入一个逻辑怪圈：不自信——拼命优秀——失败——更加在乎别人的看法——彻底否定自己。

如果陷入这个逻辑怪圈，那么你就会陷入惶恐之中。无论什么样的事情，都不会再给你带来快乐，而不能体验快乐的人生又有什么意义呢？

你要给自己树立信心，不必惧怕。难道生活中还会有比身体受尽病痛的折磨更可怕的事情吗？难道生活中还会有比死亡更糟糕的事情吗？

其实偶尔的失败并不代表下一次你同样会失败，我们不必为还未发生的事情过于忧心。智者千虑，必有一失。只要我们努力将准备工作做好，不留遗憾，无论什么样的结果，都应该坦然接受。

4. 你是不是经常委屈自己，讨好他人

"只要别人开心，即使我受再大的委屈也无所谓。"无论是在生活中，还是在职场上，这种心理都非常常见。有很多人为了讨好他人，经常委屈自己。从心理学的角度上讲，这种心理是缺乏安全感的一种表现。而缺乏安全感的行为，最常出现在玻璃心的人身上。

他们认为，在人际关系中，要想拥有安全感是需要条件的，要想别人好好对待自己，首先自己得去努力讨好别人。比如说，为了让别人高兴，自己应该勉强自己去做根本不想做的事情。

本来应该是下班时间，王欣却仍坐在办公桌前，看着桌子上的工作夹生闷气。其实，她的工作已经做完了，而桌子上的工作原本是同事刘冉的。

刘冉是同王欣一个部门的同事，两个人的日常工作经常有交叉，因此关系也比较好。而就在王欣将自己做完的工作整理好，准备下班回家好好休息一下时，刘冉拿着文件夹走了过来。

收起你的玻璃心，碎给谁看

"王欣，我今天下班有点事，你能不能帮我把这个报表做出来？"刘冉恳求地看着王欣。

这已经不是第一次了，自从两个人熟悉之后，刘冉经常用"有点事"这个借口，将工作推给王欣。

王欣虽然不愿意，但却害怕刘冉生气，毕竟在以后的工作中两个人还要打交道。

王欣笑着说道："好啊，反正我下班也没什么事情，正好可以做报表来打发时间，你快点走吧。"

"谢谢啦！"扔下一句谢谢，刘冉轻轻松松地下班了。

王欣为了讨好别人，一直委屈自己。然而，这并没有给她带来好的人际关系，相反，大家都理所当然地将工作推给她。

人们将经常有这样行为的人的人格定义为"讨好型人格"，他们不善于拒绝，"都不容易""别伤和气""忍一忍就过去了""可以，没问题，再晚我也会做完""习惯就好"……这是他们经常用于安慰自己的话语。

即使心中愤怒，想要拒绝别人，当敏锐地察觉到别人将要生气的情绪时，也会立马改变原有的决定，委曲求全。

刘卉是朋友们眼中的"老好人"，只要去求她办事情，她从来不会拒绝。发工资之后，刘卉买了一个心仪已久的非常漂亮的背包，她很爱惜。

有一次，刘卉背着这个背包去参加朋友聚会。其中一个朋友看到之后，对刘卉说道："哇，这个包包好好看，我想

第一章 拒绝玻璃心，为什么受伤的总是你

要很久了，一直没舍得买。刘卉，可以将它送给我吗？"

"可是，我也很喜欢。"刘卉不太愿意。

"喂，还是不是朋友了，这么小气，一个包包都舍不得。难道，我们之前的情谊还没有一个包包重要吗？"

"就是，刘卉，你不是一直很大方吗，怎么这次这么小气？"旁边的朋友也在那里帮腔。

"我……"

"算了，我真是看错你了。"朋友生气地说道。

"好吧，送给你吧。"一看朋友生气了，其他的朋友也用"你真小气"的眼神看着自己，刘卉忍耐着心中的委屈，将背包送给了朋友。

一个人为什么会去讨好别人？就是因为他们通常对别人的情绪特别敏感，每当别人不悦时，他们就能够及时地感知到。并且他们会认为这种情绪的变化与自己息息相关，从而内心充满忐忑和不安。

为了平复这种忐忑和不安，维持住别人对自己的好评价，他们只能对别人的要求做出妥协。也许一次两次，别人会对你的妥协产生好感和感激。但是，当别人习惯了之后，你的妥协就会变得廉价，别人也就会认为你的付出理所当然。而当你无法再用这种"讨好"来获得他们的好感和认同时，内心便会压抑、愤怒和委屈。

当这种行为发展到极端时，你就会将别人的评价看得特

收起你的玻璃心，碎给谁看

别重要，不敢去表达自己真实的想法，生活中的大多数行为都会以取悦别人为主。而一旦别人对你表现出不满，你就会很受伤。一个人越是想着怎么去取悦别人，就会活得越卑微。如果将自己的快乐作为赌注押在别人身上，生活还有什么意义呢？

有的人在做事情时，明明知道别人是错误的，为了讨好对方，依然不会去指正。他们一贯的想法是：别人能力都很强，别人的想法都正确，而我的能力则很差。即使发生了冲突，他们也会以示弱的方式来化解矛盾。抬高别人，贬低自己，将自己放在弱者的位置上是他们获取安全感的方式。

公司交给王涵一个新项目，让他和刘放搭档共同完成。在项目一开始时，王涵就将决定权交给了刘放，凡事都以刘放的意见为先。有一次，他们在工作上发生了分歧，刘放认为自己的观点才是正确的。而王涵不善与人争辩，于是说道："好吧，我也认为你这样做没错，可能是我想得太简单了，那就按照你的想法去做吧。"如果按照刘放的想法去做，他们需要做更多的工作，浪费更多的时间和公司资源。而如果按照王涵的想法去做，事情就会变得更简单。

虽然最后项目完成了，但效益却没有达到预期，两个人被主管训斥了一顿，连刘放也因为王涵的"没用"而给他脸色看。

如果一个人将"讨好别人"当做他获取自我价值感的唯

一方法的话，那么，在这个过程中，他们会不断地牺牲、压抑、委屈自我，进而努力地去满足别人。最后，他们只能自食恶果，失去自我。

如果想要避免"讨好型人格"，我们就要让自己站起来，勇于承担自己的责任，敢于表达自己的想法，将拒绝说出口。掌握自己的人生，才能够在最大程度上避免伤害。

5. 心理测试：你的情绪容易受到他人的影响吗

人是一种非常复杂而又神奇的生物，他既有自己的主观意识，又会时时刻刻受到周围环境的影响。心理学家通过对人类的性格和情绪研究发现，有些人很容易被周围的环境影响，而有些人，无论周围的人多么高兴、悲伤、激动、愤怒，他们的情绪波动都很小。生活中，我们常说"不要用别人的错误来惩罚自己"，其实这句话就是在告诉我们要学会管理自己的情绪。管理自己的情绪，首先你应该清楚自己是哪种性格：是很容易受到他人影响呢，还是时时刻刻都能够从容不迫地面对一切事情？接下来，我们可以通过一套心理测试题来测试一下。

测试题目：

（1）当你发现最近自己的情绪有些低落时，你会采取什

收起你的玻璃心，碎给谁看

么样的方式来调节？

一个人安静地听音乐——3

去找朋友倾诉——9

不一定，视具体情况而定——4

（2）在生活中，你被同学、朋友或者同事起过绰号，嘲笑过吗？

经常——4

从来没有过——7

偶尔一次——8

（3）和恋人吵架之后，你会独自坐在那里生闷气，并且一直延续好几天吗？

是的——3

不会——7

不一定——5

（4）如果用一个词来形容自己所处的家庭氛围，你会用什么？

非常幸福美满——2

偶尔压抑——4

忙忙碌碌、心烦意乱——8

（5）在一周之内，你的脸上最常出现的表情是什么？

笑容满面——3

愁眉苦脸——7

第一章 拒绝玻璃心,为什么受伤的总是你

不一定——5

(6) 你的脑海中是否会思考未来可能发生某些让自己感到非常不安的事?

经常思考——8

从来没有思考过——3

偶尔会思考——4

(7) 如果你的朋友情绪不好,你会用什么样的方式去安慰她(他)?

和她(他)聊天谈心——2

提出解决办法——4

听她(他)倾诉——7

(8) 在晚上上床睡觉之后,是否会再一次起来查看门窗、客厅、厕所的灯是否关好?

经常如此——8

偶尔如此——5

从来不——3

(9) 你会因为家人或者朋友的误解而生气和忧心吗?

经常会——8

偶尔会——4

不一定,视情况而定——6

(10) 当你在公共场合时,如果手中有垃圾会怎样做?

人多的时候,就扔到垃圾桶,没有人看见就随便扔——8

收起你的玻璃心，碎给谁看

不论什么时候都会扔到垃圾桶里——2

测试结果：

分数在29～40分之间：

你是一个理智、稳定、不易受影响的人，外界的环境很少能够给你带来影响。即使遇到了困难和挫折，你也能够凭借自己的智慧迅速地想出应对办法，并且着手去处理，你不喜欢拖延和推卸责任。你坚信没有什么事情是不能面对的，逃避只会让事情往更糟的方向发展，只有正视它，前路才是光明的。

因此，很少有负能量能够影响到你的情绪，不论是困难的事情还是繁杂的事情，你都能够按部就班地去解决，将身边的一切事情控制在你可控的范围内。即使偶尔遇到了坏心情，你也能够及时地去调整，并尽快走出来。

分数在40～51分之间：

你是一个理智、偶尔感性、偶尔受到影响的人。有时候，你的情绪比较稳定，但是在理智的同时也会偶尔感性一下。面对生活的压力和困难你会及时想出办法去解决，但是在解决之后，也会偶尔对这些繁杂的事情产生厌烦之心。偶尔也会有情绪低落的时候，但你都会及时调整过来，不会被过多的负面能量压垮。你会想：每天快乐地过是一天，不快乐地过也是一天，为什么要让自己陷入不快乐之中呢？所以，即使偶尔会被无法避免的情绪影响，也只是一时的，你会想办法去战胜它。

分数在 51~62 分之间：

你是一个感性与理智并存，压力过大时会受到影响的人。在生活中，压力是无法避免的，它来自生活的方方面面：工作方面、情感方面、家庭方面等等。你是一个理智与感性并存的人，通常情况下，你的情绪还是比较稳定的，并不会轻易向别人发脾气，也不会去刻意地传播负能量。但是当遇到的挫折比较多或者是压力很大，又没有人可以帮助你解决时，你的情绪就很容易崩溃。

你喜欢向家人和朋友抱怨，并且偶尔会撒气到别人身上。你还不能完全战胜外界环境的影响，面对压力时也会茫然、失落一段时间。但是当你经历得多了，你就会有更多战胜情绪的经验，因此，也就不会再轻易地被情绪影响了。

分数在 62~78 分之间：

你是一个感性并且非常容易受到影响的人，你的情绪非常容易被外界环境所影响。当你遇到困难和挫折时，你第一时间想到的不是怎样去解决，而是如何向别人求助。而且你本身也会因为外界环境而存在一些负能量，生活态度比较消极，很难从逆境中走出来。

你十分在意别人对你的评价，甚至一味地委曲求全，常常会因为一点儿小事就患得患失，因为情绪非常容易被影响，生活得很不快乐。人生就像被蒙上了一层阴影，常常被各种事情压得喘不过气。而且有了不愉快，你也不喜欢与别人交流，只喜欢积压在心里。

这种情况非常危险，长此以往，于身、于心都无助益。你不妨学着倾诉，将心中压抑的不愉快向朋友倾诉，为压力找一个宣泄的出口，从而慢慢学会控制情绪。

6. 成天与假想敌互掐，怎能不心累

心理学上有一种疾病叫做"被害妄想症"，意思就是说：那些玻璃心的人，除了生活中比较亲近的人之外，对所有靠近他的人都会充满敌意，并且总是幻想他们正在害自己，即使对方并没有任何行动。

前段时间，一个微博火了。一个博友每天都会在家中的同一个位置摆拍一张手持刀子的照片，并且配文解释说，有人想要闯入我家中害我。

微博一经发布，在短时间内吸引了大量网友的关注和热议。就在事件持续发酵时，他的家人出来证实：其实他是患了严重的"被害妄想症"，总觉得有人要害他。

所谓的"假想敌"，就是人们自己幻想出来的，根本不存在的敌人。有的人性格比较敏感，缺乏安全感。于是他们就将周围接触的人都假想成敌人，然后小心翼翼地将自己封

第一章 拒绝玻璃心，为什么受伤的总是你

闭起来，以期这样自己就不会受到伤害。

这种事情乍听起来有些夸张，而实际上，这种总是给自己幻想一个或者多个敌人的现象在生活中并不少见，尤其是在职场中，这种现象更是普遍。

在职场上，有些人总是喜欢给自己虚设敌人，利用自己的主观意志去臆想、揣测别人。比如说，公司的某一个同事工作非常努力积极，对自己的要求也很高，而且他们表现得也非常优秀。这样的人就很容易成为别人的假想敌，周围不如他优秀的同事心中会想：他表现得这么优秀，是不是想要获得老板的青睐，从而升职加薪，然后抢占我的资源。在这种思维的主导之下，"被害妄想症"的人对"假想敌"的行为就更加在意，时刻将自己与对方进行比较。

还有一种人，他们已经是别人眼中的优秀人士了，而且平时他们对自己的要求也很高，正是这种高要求让他们时刻都处于紧张之中，他们会刻意地在职场中寻找竞争对手，而使自己时刻处在紧张戒备的状态之中。

这样的人总是会下意识地将周围可能存在的所有人都当成自己的竞争对手，当成自己"假想中的敌人"。然后感觉自己时刻都在被"敌人"追着跑，别人说的任何一句话都能让他们解读出另一种意思，即使是善意的玩笑也会被他们理解成"嘲笑"。别人的一些无心之失，他们也会理解为刻意地针对，并产生强烈的反应。

收起你的玻璃心，碎给谁看

王泉是一家公司的部门主管，经济收入稳定，家庭也很美满。但是在王泉的身上，我们却经常能看到脸色苍白、郁郁寡欢、精神萎靡的影子。

有一天，部门里一个业绩非常优秀的下属吃完午饭回来，碰到王泉。这个下属和王泉关系比较好，关心地说道："经理，你的脸色看起来不太好，这样下去还怎么工作，不如回家休息一下吧。"

王泉听完，顿时心生不悦。黑着脸看着这个同事，心想："他这话是什么意思，是说我没办法工作，而认为他自己很优秀，可以取代我的位置，是这个意思吗？"

王泉越想越觉得这个下属的目的不纯，本来这个员工进入公司以来就锋芒外露，严重威胁了自己的位置。听他这样一说，更觉得他话中有话，于是他更不想和他说话，敷衍了两句就走了。

在之后的工作中，每当看到下属越来越优秀，王泉对对方的敌意就越大，久而久之，王泉和下属之间的关系也越来越疏远了。

生活不可能是一帆风顺的，每个人都会遇到困难和挫折，每个人也都会有敏感的时候，为了获得安全感，就会毫无察觉地为自己设置一个假想敌。然后，在内心不断地与假想敌搏斗。这个过程很容易令人身心疲惫。

一个人的精力是有限的，身体累了，休息一晚上就可以

第一章 拒绝玻璃心,为什么受伤的总是你

恢复过来。如果一个人心累了,就很难得到调整。当玻璃心的人与假想敌对抗时,很容易弄得自己心力交瘁。

为自己树立太多的"假想敌",对于生活十分不利。比如说,你和朋友之间产生了一点儿小摩擦,其实这是很正常的现象。但是喜欢"假想敌人"的人,很可能将这种小摩擦当成别人对自己的挑衅,并因此对对方心生戒备。为自己树立太多的"假想敌"十分不利于人际关系的发展。

当然,我们也不必因此而对"假想敌"耿耿于怀,这其实只是人们的一种心理防御机制而已,人们害怕自己在竞争中失利,于是把每个可能存在的对手都当成敌人,并且时刻幻想着如何打败他们。如果"假想敌"运用得当,它反而能够不断地激励你取得更高的成就。当然,这要建立在适度的基础上。

虽然"假想敌"运用得当可以使人取得进步,但适度却很难把握,因此,这种心态还是要及时改正。我们之所以会设立假想敌,根本原因在于我们内心不自信,我们会不断地去和别人比较,以此来增加信心。要想战胜"假想敌",我们首先得战胜自己。

我们要明白,世界上并没有那么多对我们存有敌意的人,我们无需耗费过多的心力去给别人的行为或者话语做过多的解读。没有人会将过多的精力浪费在我们身上。如果一遇到事情就喜欢往糟糕的方向想,那么我们也只会得出糟糕

的结论。我们应该相信自己的能力，并经常躬身自省，这比把别人当成敌人更利于自我进步，只有这样我们才能不断地成长，并且人生也会因此而更有意义。

7. 越敏感越孤独，越孤独越敏感

"孤独"，是生活中非常常见的一种心理现象。无论是谁，都会有孤独的时候。但是不同的人对于孤独的处理方法是不同的。性格开朗的人孤独的时候，会想办法让自己活跃起来，排遣这种孤独。比如说，找朋友K歌、倾诉或者是去繁华的街头感受喧闹，购买东西发泄不愉快……

而玻璃心的人在孤独的时候，往往会将心事压抑在心底。一旦遇到了事情，就将自己封闭在一个相对安全的小环境中。他们不喜欢与别人交流，久而久之，在这种循环中反而越来越孤独。

当然，我们并不是说"孤独"不好，我们应该来批判它。其实，适当的孤独可以留给我们自己一些时间和空间，在这个时空里没有别人的打扰，我们能够理清很多之前没有理清的思绪。但是孤独也要适度，如果长时间地处在孤独的环境中，我们内心很容易滋生各种负面情绪，严重威胁身心健康。而在生活中，"敏感"是造成孤独的罪魁祸首。

第一章 拒绝玻璃心,为什么受伤的总是你

在朋友的眼里,王芳是一个玻璃心的人。在和她聊天时,说话必须小心翼翼。比如,不能和她说身边谁很优秀,这样会伤害她的自尊;还有如果谈论的是她讨厌的人,那就必须一起说对方的坏话,否则她就会认为你是在帮对方说话,是在针对她;最严重的是你不能说她哪里不好,否则她会认为你看不起她,甚至是在刻意地打击她,让她失去信心……类似的事情数不胜数。

朋友们纷纷表示和王芳相处实在太累了,甚至说的每一句话的标点符号都要仔细斟酌,生怕讲错了会惹王芳生气。如此一来,朋友们都不愿意和王芳交往了,他们不愿意再为王芳的敏感买单。因此,王芳的朋友越来越少。王芳的敏感,让她失去了原本关心她的朋友,而她也因此逐渐陷入孤独之中。

如今,越来越多的人抱怨很多人不理解自己,自己感觉越来越孤独。他们是否想过朋友的远离和自己敏感的性格息息相关呢?心理学通常将有这种表现的人称为"亲和力缺乏症",意思就是说,这个人很难相处,不招人待见。

人是一种具有社会性的动物,人际关系对于一个人的发展有着举足轻重的作用。尤其是在职场中,无论是大企业还是小公司,都十分讲究团队合作。没有哪一个公司靠单独一个人就能够运转,在职场上孤军奋战的结果只有失败。而具有亲和力的人,往往拥有好人缘,这给他们团队合作、晋升

收起你的玻璃心，碎给谁看

加薪奠定了良好的基础。

"敏感"是亲和力的克星。一个玻璃心的人，因为太过敏感，在职场中的人缘往往不会太好，这给他们日后工作的顺利进行埋下了不少隐患。

李媛长得很漂亮，而且能力也非常出众。通常来说，这样的人在职场上一般会很受老板的器重和同事的欢迎。但李媛却正相反，她在公司里经常独来独往，很少和同事打交道。为了避免和他人产生过多的交往，她甚至连私下的同事聚餐都从来不参加。

有一次，公司的一个同事家里有急事，需要回家一趟，但是手里还剩下一点儿工作没有做完，而且工作又很紧急，必须按时完成。于是她只能去寻求同事的帮助。恰好李媛和她在同一个项目，而且两个人的工作性质很接近。她想着两个人平时也没有什么矛盾，对方应该会答应帮忙的，于是便去找李媛，看到李媛冷着一张脸坐在电脑前打字，她笑嘻嘻地说道："媛姐，忙着呢？"李媛淡淡地瞥了她一眼，觉得对方笑得十分不怀好意，冷冰冰地说道："有什么事情快说，别耽误我的时间。"

李媛毫不客气的话语让她心里一梗，她只好又硬着头皮说道："媛姐，我有点急事需要马上去处理，工作还剩下一点儿，能不能麻烦你……"

"不能！"还没等她的话说完，李媛果断地拒绝了。她

第一章　拒绝玻璃心，为什么受伤的总是你

想，对方一定是故意的，自己的工作已经很忙了，还让我给她帮忙，这不是给我找麻烦吗？万一工作出了问题，这个黑锅还不是得我来背。说完，就不理同事了。

李媛这么果断地拒绝，让同事十分下不来台，她气得脸都青了，怒气冲冲地回到了自己的座位。而这件事情正好被老板看到了，他认为李媛的做法十分破坏公司的团结，之后便找了个借口将李媛辞退了。

失去了工作的李媛十分不解，自己的能力明明很出众，怎么还会失业呢？

其实职场如战场，你的能力、情商、亲和力、智商等都是你征战沙场的武器。如果你过于敏感，会让自己受伤。一个玻璃心的人很难在生活中与朋友建立和谐的友谊关系，同样，在职场中，他们也很难和同事建立和谐的人际关系。

当感受不到人与人之间的温暖和关爱时，他们就会越来越孤独，因为孤独也会越来越敏感，从而形成恶性循环。适度的敏感可以帮助人们迅速地判断事物，而过度的敏感却是一种病态，它只会使人们陷入困境之中。

渡边淳一曾在《钝感力》一书中这样写道："'钝感'是相对敏感而言，由于生活节奏的加快，现代人过于敏感，往往容易受到伤害，而钝感虽给人以迟钝、木讷的负面印象，却能让人在任何时候都不会烦恼，不会气馁。在各自世界里取得成功的人士，其内心深处一定隐藏着一种绝妙的钝

收起你的玻璃心，碎给谁看

感力。"

在生活中，我们不妨来培养自己的钝感力，以此来对抗自己的过于敏感，让自己逐渐摆脱孤独，从而拥有良好的人际关系。

8. 太脆弱，轻而易举被伤得遍体鳞伤

玻璃心的人，心往往是比较脆弱的，因此比较容易受伤。人类可以说是一种"感情动物"，丰沛的感情，比如亲情、友情、爱情等，在人生中都占有非常重要的位置。内心强大的人，即使在感情中受伤，也能够泰然自若。

而性格敏感、脆弱的人就不一样，他们在感情中往往处于弱势地位。很多时候，即使一件无足轻重的小事，也能够让他们受伤。

林美和男朋友确认关系已经一年多了，确认关系后的生活并没有林美想象中那么幸福。随着相处时间的增多，林美不但没有在爱情中增加自信，反而变得更加患得患失。男朋友下班回来晚了，林美心中就会想：他是不是不想见到我，所以故意回来晚了。

下班后男朋友说话少时，林美就会怀疑对方是不是不喜欢自己了，所以才会连话都不想和自己说。

第一章 拒绝玻璃心，为什么受伤的总是你

在接下来的日子里，林美开始变得疑神疑鬼，经常打电话让男朋友汇报自己的行踪，并且经常翻看男朋友的手机，这让她的男朋友烦恼不已。

有一天两个人休息，正在看电视时，男朋友随口说道："这个女的太过分了，这么疑神疑鬼，怪不得她老公受不了她。"

林美听了，脸色一变，心想：他是不是在说我？难道我翻看他的手机被发现了？他是不是已经厌烦我了？

林美越想心中越是觉得委屈，便和男朋友吵了起来。男朋友认为林美很不可理喻，之后两人便陷入了冷战。

不过是男朋友在看电视时随口发表的一句看法，就能够让林美心中的那根爱情的弦绷紧。可见林美是多么在乎对方，因为在乎，所以敏感。因此她才会对对方的一言一行胡思乱想。即使对方话中并没有别的意思，她这样的行为也会让双方之间产生信任的裂痕。

同时，这不仅会让林美时刻处于没有安全感、高度紧张的状态下，也会让她的男朋友压抑得喘不过气来，他常常害怕自己随意的一个举动会让林美觉得受伤，甚至还会让他们的感情随时走向崩溃的边缘。

其实这种爱情中的敏感现象在生活中非常常见。其中的原因除了性格敏感，还有太过于在乎对方。比如说，女朋友给男朋友发了一条短信，男方没有及时回复，女方就会胡思

收起你的玻璃心，碎给谁看

乱想，怀疑男方是不是不在乎自己，或者是和别的女生在一起，然后就会接二连三地发信息或者疯狂地打电话。她们忽略了：越是步步紧逼，越会让对方厌烦。

玻璃心的人，在感情中很多时候都处于彷徨状态，非常敏感多疑，因此很容易受伤。他们没有安全感，所以经常做出一些不理智的事情来证明自己的重要性，以引起对方的注意。

不仅仅是在爱情中，有时候太过于敏感，对于友情也是一个沉重的打击。玻璃心的人，在人际交往时，总是会小心翼翼。如果别人不开心，他们就认为是自己的错。和别人起冲突时，别人无心地说一句就以为对方是在批评自己。

周末，张欢欢和朋友约好一起去看电影。电影是张欢欢最近一直特别想看的，里面的男主角也是她非常喜欢的。本来满怀期待、高高兴兴地去看电影，结果在看的过程中，朋友一直在吐槽男主角。

"这演技也太差了，看着太让人出戏了。""哎呀，这个地方怎么能这么演？"越说，张欢欢的心里越难受。对方明明知道自己很喜欢这个男主角，为什么还要一直批评他，朋友是不是对她有什么不满，所以才借题发挥。

这么一想，张欢欢满脸沮丧地对朋友说道："不要再说了，你真是太过分了。"

朋友有些诧异："我说什么了，你这么生气？"

第一章　拒绝玻璃心，为什么受伤的总是你

"你对我有什么不满就直接说好了，不用借着别人的事情来说。"张欢欢生气地说道。

"真是莫名其妙，张欢欢，你也太玻璃心了吧。"说完，朋友电影都不想再看了，起身走了，独留张欢欢一个人在影院生气。

很多玻璃心的人在与人相处的时候，总会怀疑对方的言行是否在攻击自己。其实，不必如此。生活中，没有人会无缘无故地浪费精力去针对别人，他们更愿意好好做自己的事。

有一次，著名诗人余光中去参加采访，主持人问他："为什么你每次面对李敖在各种场合的攻击时，从来不反驳呢？"

余光中回答道："他一直骂我，我则保持沉默，这说明他的生活不能没有我，而我的生活可以没有他。"

面对别人的攻击，他能够谈笑自如，正是因为他有一颗豁达的心。正因为他"看得开，放得下"，所以虽然在年纪很大时，他依然精神矍铄。如果换成一个玻璃心的人，别说被人当面攻击，就是被人无意中说了一句，也要心烦好久。

在生活中，我们保护自己的方式，不是小心翼翼地将自己封闭起来，不敢去接触别人，以防止自己受到伤害。因为越是这样，越会让自己敏感、脆弱，稍有风吹草动就会让自己遍体鳞伤。

我们应该让自己的心胸变得豁达，这样就会有足够强大

的盔甲来保护自己,从而能够做到兵来将挡,水来土掩。若要克服过度敏感,我们需要在生活中经常反省自己的行为。高尔基曾经说过:"反省是一面莹澈的镜子,它可以照见心灵上的玷污。"只有时常反省自己,才能够不断地改正自己的错误,使自己不断进步,从而提高自己的心理承受能力。

9. 心理测试:你是一个高敏感者吗

在生活中,有很多人的内心都非常敏感,一点小事儿就能够引起他们的不适。敏感、多思是这类人共同的心理特征。即使一件毫不起眼的小事儿,也能够让他们幻想出各种对自己不利的想法。过于敏感,不但对情绪影响很大,而且还可能引起神经衰弱,对身体健康造成很大的伤害。如果你是一个高敏感者,那么你就需要及时调整自己的心态。下面是一份心理测试题,可以帮助你判断自己是否是一个高敏感者。

测试题目:

(1)当你正在看书的时候,忽然从旁边的窗户射进了一束阳光,你能够看到光线中有无数的小灰尘在空中上下飞舞。这个时候,你会感觉到呼吸不畅,想要快速远离光束吗?

第一章 拒绝玻璃心，为什么受伤的总是你

不会——2

偶尔会——4

（2）如果你自己的相貌不出色，而你喜欢的人比较出色，你会因为身边的人说不相配而放弃表白吗？

会——7

不会——3

可能会——5

（3）在乘坐地铁的时候，车上的人很多，你会找一个人少的角落单独待着吗？

经常——9

不会——2

偶尔——5

（4）当你的朋友因为某些原因做了伤害你的事情时，你知道后会毫不留情地指责对方，来发泄自己的愤怒吗？

会的——8

从不——2

偶尔会——4

（5）当你和一群朋友聚在一起聊天时，你对于某个问题发表了自己的看法。你认为你的见解很出色，但是你的一个朋友对此很不以为然，并且提出了反对意见，但是你当时没有反驳，回去后你会决定从此和这个朋友断交吗？

不会——2

收起你的玻璃心，碎给谁看

肯定会——8

不一定——4

（6）你会为了向别人证明你很厉害，而在服饰、装扮、娱乐等方面有超出自己经济能力的花费吗？

经常有——9

从来没有——2

偶会有——4

（7）朋友聚餐的时候，你向大家讲述了一个自己亲身经历的事情。可能事情有些离谱，朋友们不相信，认为你是在开玩笑。你会努力举出一些例子的证据来证明你说的事情是真的吗？

一定会——9

不会，让事情就这么过去——3

可能会——5

（8）当你在逛街的时候，正好遇见了同事，你隔着一段距离和对方打招呼。但是同事正在和别人一边走一边交谈，并没有立刻招呼你。你的心中会不会想"他明明听见了，为什么还故意不理我，难道是我平时有什么事情得罪了他吗？"

会这样想——8

不会这样想，谁都有不方便的时候——2

可能会这样想，视情况而定——5

（9）当你做一件事情的时候，别人指出你某些地方处理

第一章 拒绝玻璃心,为什么受伤的总是你

得不妥当,你是否会找很多的理由加以申辩?

会的——9

不会——3

可能会——4

(10)对于那些非常喜欢八卦,经常传谣言的人,你是否会非常厌恶,并且远离他们?

会的——8

不会,反而会一起八卦——2

八卦的事情如果自己感兴趣,可能会一起八卦——6

测试结果:

分数在35分以下:

你是一个轻度敏感者,性格比较开朗,人际关系也比较好。看起来大大咧咧的,没有敏锐的感受力。你的钝感力为你屏蔽了生活中的很多伤害。对于很多事情,你都不会有过激的反应,并且对于别人的议论,你也都会往好的方面去想。你非常有亲和力,因此在生活中会有比较好的人际关系,很多人都愿意和你交往。你生活得很轻松,也比较幸福。

分数在35~60分之间:

你是一个比较机敏的人,有着敏锐的感受力,但同时心性也比较豁达。你的性格让你无论是在职场上还是在人际关系中都无往不利。但有时比较敏感的性格会让你生活得比较辛苦,甚至你会因为某些事情而显示出一丝神经质。对于一些琐碎的小事，也会偏执于自己的见解，这使你的生活像一个矛盾体。若是继续下去，你的心态可能会面临崩溃的风险。不妨学着去漠视一些事情，学着放开过去纠结的事情，这样你会过得开心很多。

分数在60分以上：

你是一个高敏感者。在生活中，一件小事就能让你神经过敏。你的神经尤其敏锐，感受能力极强，即使别人和你开玩笑吐槽你也会当真，并且会因此怀疑对方是否是对你不满。你生活得比较累，经常会把别人的一些无心之失或者一句话当成对自己不利的言行，让自己的精神一直处于高度紧张的状态。这样不但对你的身心造成了很大的危害，也让和你相处的人感觉比较累。因此，你几乎没有什么朋友，也没有人喜欢和你相处。长此以往，高敏感的特质对于你的生活和身心都无益处，所以你必须想办法去改善自己过分敏感的特质。

如果你是一个高敏感者，也无需自卑。有人曾说过："高敏感是一种天赋。"只要能够正确运用这种天赋，我们就能够让它成为我们发展路上的垫脚石。

第二章

别怕！敏感不是缺陷，
而是被误读

第二章 别怕！敏感不是缺陷，而是被误读

1. 敏感不是一种弱点或缺陷

你是否有过这样的经历：每当自己给对方发消息，对方陷入长久沉默或者迟迟不回时，你总是会觉得不安，以为是自己做错了什么事，引起了他人反感。于是便思前想后，给自己罗列了很多"罪名"，甚至还苦苦思索了道歉的方式。最后才发现，对方只是没有看到，而自己苦思的歉意也只是换来对方一句"你太敏感了，想得太多了"。

敏感在很多人看来是一种缺陷，因为天上随便落下几滴雨滴，他们就能够脑补出一场洪涝灾害，很多人觉得与玻璃心的人在一起会比较心累。

很多敏感的人，在听过太多"你太敏感了"之类的评价之后，从内心深处也认为敏感是一种弱点、缺陷，觉得性格使自己在某些问题上"小题大做"，会让自己陷入自讨没趣的苦恼之中。于是越来越多的敏感者试图改变这种特质，却发现越改自己越没有信心。

收起你的玻璃心，碎给谁看

所谓"江山易改，本性难移"，一个人的性格受其生活的环境、自己的思想、遗传因素的影响而形成，如果不是经历比较重大的变故是很难改变的。

比如说，你和朋友一起在路上走着，发现自己的鞋带开了，等你系好之后，发现同行的伙伴已经走了很远。你即便告诉自己不要想太多，然后快步跟上去，脑海中还是会不自觉地胡思乱想，并忍不住腹诽。最终我们会发现，自己的这些努力都是徒劳，无论表面再怎么假装无所谓，心里还是会在意。玻璃心的人，注定比较容易受伤，因为他们会不自觉地放大那些人际关系中令人失望的小细节。

高敏感这种性格不那么容易摆脱，它们就像人体天线，在你耳边嗡嗡响个不停，你却不能把它们关掉，只能不停地接收那些令人失望的画面和声音。因此很痛苦，但却无法改变。

玻璃心的人就一定是存在缺陷吗？敏感就真的那么不受欢迎吗？

吴丹与韩菲很小的时候就认识，并互相关注了微博，而且彼此之间一直保持着联系。

两人因为都喜欢韩寒，所以在电影《后会无期》上映的时候，相约一起去看电影。吴丹路过书店的时候，想起来韩菲曾经在微博上转发过一本名为《就这样慢热地活着》的书，于是便买了下来，作为见面礼送给韩菲。韩菲收到礼物

第二章 别怕！敏感不是缺陷，而是被误读

后感动得几乎说不出话来。

后来韩菲感情不顺，伤心之余几乎删除了所有的微博，但是当时转发的关于《就这样慢热地活着》这本书的那一条却还在。

吴丹看到之后便问了一下，韩菲有点不好意思说，她说这是彼此友谊的见证，吴丹对自己的好，她一直记得。

玻璃心的人确实喜欢胡思乱想，容易想到很多他人注意不到的点，也正是因为如此，他们会不自觉地放大人际关系中那些微不足道的小温暖。所以他们也更容易收获感动，并且呵护这份感动。

其实，玻璃心的人也没大家想象中那么脆弱，他们只是比一般人想得更多一点。他们能够听懂别人委婉的语气里那句没说出口的拒绝，也能够看见别人看似平常的举动里那份不曾显露的用心。而且玻璃心的人会比一般人更加注意照顾其他人的感受。或许正是因为自己曾经被一些不小心的举动伤害过，他们会更加容易体会他人内心的痛苦，更容易在为人处事的时候避免类似的举动。

这种敏感在和舍友、朋友、家人的相处中都有体现，而其中显露最明显的，莫过于在情侣之间以及婆媳之间。比如，如果情侣中有一方比较敏感，那么在自己的伴侣外出聚会的时候，敏感方就很容易怀疑伴侣是否与异性走得太近，甚至怀疑对方是否存在出轨的行为。但与此同时，他们自己

收起你的玻璃心，碎给谁看

知道这种行为会带来猜忌，所以就会尽量避免与异性单独相处。

心理学上有一个专业术语"屏障"，它是指一个人在遇到外界干扰的时候，会自主产生保护，以隔绝外界的影响。

玻璃心的人这个屏障比较脆弱，很容易受到情绪的影响，所以才会容易卷入到一些意外的事情之中，但也正是因为如此，玻璃心的人更容易把另外一个人装进心里，或许对方一句不经意的话，就能让他们感动很久。所以敏感并不是弱点，更不是性格上的缺陷，它只是一种与众不同的表现而已。

2. 敏感没什么大不了，接受敏感的事实

你是否有过这样的经历：在一个心情烦闷、辗转反侧的夜里，你会想到某些糟糕的事，并且继而产生了更多消极的情绪，对许多原本寻常的事情也产生了怀疑。有时候也会提醒自己不要太过敏感，但还是会情不自禁地反复思索这些人或事，最终闹得自己懊恼不已。

很多人都说玻璃心的人通常都不怎么快乐，这主要是因为他们对于外界环境的感知过于敏锐，别人一个眼神、一句话就能让他们想很久，并解读出很多复杂的意思。

第二章 别怕！敏感不是缺陷，而是被误读

有时候他们可能也会意识到这样不好，并有意克制自己，不去思索他人的看法，可是对方所传递的负面情绪却还是会在心中蔓延，甚至深扎心底，久久不能散去。

他们有时候也想让自己活得简单一些，不去在乎别人的看法，可总是控制不住自己，一不注意就会胡乱猜想，既费脑又伤神。

生活中我们总是会遇到这样的人，他们的内心比林黛玉还要敏感、细腻，因为自己身上的种种缺点，走到哪里都会表现出淡淡的自卑感。比如，当大伙儿都去篮球场上飞奔跳跃时，他却一个人在教室看小说；当别的同事都在讨论哪部电影比较好看时，他却戴着耳机听音乐。或许是害怕被人说破自己的缺点，他们总是小心翼翼地与人相处，甚至就连说话时也会有意避开对方的眼睛，对于他人的要求更是有求必应。

就算遇到自己喜欢的人，他们也喜欢给自己套上"一副外衣"，对对方的好，除了自己以外，没有人看得出来。即便如此，他们的喜怒哀乐也会随着对方的一个眼神、一句话而波动。本来一份很容易的情感被他们表现得如同虐恋一般。

玻璃心的人，总是会将他人无意间的微小言辞放大，并将其化作尖刀刺向自己的内心。而且这种伤害会被他们隐藏起来，并在内心不断地放大，而再受到刺激时，这种伤害就会暴露出来。因此，与其将伤害深埋于心底，倒不如将其释

收起你的玻璃心，碎给谁看

放出来，从而坦然地接受并善待自己。

一项著名研究显示：玻璃心的人并不是寻常人印象里歇斯底里的模样。相反，他们往往更擅长管理自己的情绪。

因为有着细致入微的洞察力，他们更善于从纷繁复杂的现象里捕捉自己想要的信息。很多作家、诗人、画家都被视作"高敏感"的人。

有人说"有些人是透过这个滤镜看世界的：在这个滤镜的作用下，他们看到的世界有着更高的对比度和饱和度。因为他们一直在用一种更生动、更刺激的方式感受着这个世界。""塞翁失马，焉知非福"，上帝对每个人都是公平的。很多时候，只要稍加调节，劣势就会转为优势。同时，这也是认识自己的一个过程。只有慢慢经历，逐渐感受，才能寻得专有的、最惬意的生活方式。

敏感其实并不可怕，它不是一个人不受欢迎的主要原因，而敏感中所带的刺更容易伤人，它才是别人对敏感者敬而远之的罪魁祸首。比如，在情侣相处时，这种带刺的敏感在感情中往往无法给予对方足够的信任感。对方一有电话消息，你就心生怀疑：是不是其他异性；对方一不及时回复你，你就怀疑对方是不是不重视自己了；对方说话的语气稍微强烈一点儿，就是对你厌倦、冷淡……这种敏感的细节，很容易让你对对方耿耿于怀，最终以歇斯底里的方式爆发出来。两个人若无法信任和充分理解对方，就会让一段感情变得很累。如果有一天，有一方坚持不了了，那么这段感情也就走到了终点。

那么敏感就真的是一无是处吗？其实不然，敏感有时候也是一种力量，玻璃心的人有足够的能力去感知别人的情绪波动，从而控制自己的行为。如果知道对方不开心了，那么你就知道什么话该说，什么话不该说。此时的敏感往往会让人觉得你是个有分寸感的人。如果玻璃心的人能够在敏感中采取恰当的措施，也能更好地保护自己。

玻璃心的人感情丰富，他们也许会因为一部电影而落泪，也许会因为一句话而重新振奋。世界万物因为情绪而变得内涵丰富，一些人正是因此而有了更为多样的世界观。敏感既是上天赋予某些人的礼物，又是一把锋利的宝剑。

我们没有必要时时提防自己的敏感，我们只需要注意避免将敏感用于钻牛角尖。当发现敏感影响我们的生活时，我们不妨去深挖敏感源，安抚好自己脆弱的心，其实敏感并没有什么大不了。

3. 不给自己贴标签，错的是社会定义不是你

小时候的你可能经常听到父母和老师善意的忠告："为了你自己好，别太敏感了。"其他的孩子也会附和一句："别

收起你的玻璃心，碎给谁看

那么多愁善感。"

次数多了，我们也逐渐给自己贴上了敏感的标签，并且将自己遇到的任何不顺都归结为自己太敏感的缘故。比如，长大后，你很可能比别人更难找到适合的工作；不会和人相处，不知道如何建立良好的人际关系，这使得你的自信和自我价值跌到谷底……然后你就将原因都归咎于自己太敏感。

从小到大，我们总会背负很多标签，甚至有些标签还是自己努力想要洗刷，却还是伴随很久的"黑点"。

在中国文化中，敏感并不是一种很受欢迎的特质，它就像无法结束的噩梦一样，不断困扰着你。

在我们的传统认知中，人们总是追求整齐划一。在大多数情况下，我们认为多数人认可的事情才叫"对"，而剩下的那少部分人便被归于"不正常"的行列之中。为了区分这些"不正常"的人，我们于是给他们贴上了一个又一个标签，以此来识别。

哲学家米歇尔·福柯曾说："有时候，对于异常和正常的划分，其实本质上不过是场权力之争。"话语是一种权力，因为我们每个人的话语权代表了我们自身的思维。当我们使用自己的话语权发表言论时，其本质是代表自身的思维。而语言的暴力，则是试图以一个人的思维去改变他人的思想，从而使得自身获得更多的权利。

精神分析社会学的代表人物，心理学家艾瑞克·弗洛姆

第二章 别怕！敏感不是缺陷，而是被误读

曾经非常愤慨地说道："精神病患者也许是没有病的，只是因为这个社会有病，所谓的病不过是多数人对少数人的不理解而产生的排斥，并且因为人数多而拥有的一种不对等的权力。"

所以，那些我们背负的、被视为"黑点"的标签，其实并不是什么缺点，只是因为我们拥有的品质与优点与主流思想不太一样而已。

这就好比很多人说你"不合群"一样，错的不一定是你，还有可能是大众。按照英雄史观的看法，推动历史发展的永远都是少数人，而大众反而是碌碌无为的那一批。这也是为什么很少有艺术家比较合群，艺术家本身就是追求个人主义与自我表现的代表。

奥托·瓦拉赫上中学时，父母希望他能够走上文学的道路，还为此给他寻找名师，教他各种艺术以及文学创作，但却总是收效甚微。

有一次老师让他展开自己的想象力，但奥托·瓦拉赫却迟迟无法进入状态，老师教了他一个学期，还是没有效果，于是便在评语中写道："该生用功，但做事过分拘礼和死板，这样的人即使有着完善的品德，也绝不能在文学上有所成就。"

这条评语恰好被奥托·瓦拉赫的化学老师看到了，在和奥托·瓦拉赫有了进一步的接触之后，他提议他跟着自己学

化学，因为化学实验正是需要这种一丝不苟、严谨认真的品质。

奥托·瓦拉赫听从了老师的意见，在跟随老师学习化学后，一路上顺风顺水，并考上了理想的大学，最终获得了诺贝尔化学奖。

我们每一个人都希望自己受人欢迎，但却不能为了达到这个目的而失去自我，让自己承受来自群体的压力。有时候，少数人反而更加容易引起他人的注意。我们应该学会理解自己，正视自身的枷锁，用敏感的心去感受自己更加细腻、丰富的内心世界，而不是去关注那些无关紧要之人的看法。

村上春树在一篇获奖演讲词中说道："在高墙和鸡蛋之间，我会永远选择鸡蛋。"天性内向、敏感、脆弱、笨拙、木讷……这些在他人眼中所谓的"缺点"，对于自己来说或许会更有利于自身的发展。

我们被贴上标签，有时候并不是我们自己的过错，而是这个世界的错，因此，勇敢地做自己吧，不要再去理会他人的评价。

第二章　别怕！敏感不是缺陷，而是被误读

4. 心理测试：你是不是也有一颗玻璃心

有的人因为别人无心的一句话就会伤心；有的人因为别人无意间的一个小动作就会怀疑对方对自己有意见；有的人因为失败一次就对生活失去了信心；还有的人因为"不合群"而惶惶不可终日……

这些都是生活中常见的现象。人们甚至还将这一类人所拥有的特质称为"玻璃心"。拥有"玻璃心"的人，往往时刻绷紧自己敏感的神经，他们的内心就像柔嫩的豆腐一般，一碰就碎。他们往往很难承受打击，很难过得快乐，很难获得幸福。

那么，你在生活中是否也拥有一颗"玻璃心"呢？你可以通过下面的题目来测试一下自己的脆弱指数。

测试题目：

（1）当有人向你寻求帮助时，你会因为不好意思而答应吗？

是的，会答应——8

不会答应——2

视情况和对方身份而定——4

（2）在大多数情况下，你待在哪种环境中会觉得更加舒

收起你的玻璃心，碎给谁看

适一些？

    热闹的环境——3

    安静的环境——6

    不一定，视情况而定——4

（3）当你有了心事之后，你是会选择向朋友倾诉还是掩藏在心里？

    喜欢向朋友倾诉——3

    掩藏在心里——7

    不一定，有时候能掩藏住——5

（4）当你去参加朋友的聚会时，发现其中有一个陌生人，你会感到不自在和生气吗？

    会非常不自在和生气——8

    不会，很高兴——2

    不一定，视情况而定——3

（5）在与别人相处的时候，你认为交好是一件困难的事情吗？

    是，很多时候会让自己受伤——8

    不是，人缘很好——2

    不一定，人心多变——4

（6）你在谈恋爱的时候，会想要经常翻看男朋友的手机，并且确定他的行踪吗？

    不会，每个人都有独立的空间——2

第二章 别怕！敏感不是缺陷，而是被误读

是的，经常做——8

不一定——5

（7）当你遇到了不开心的事情时，你会选择什么样的事情来转移自己的注意力？

安静地一个人待着，看书或者听歌——7

出去找朋友一起逛街、看电影——3

不一定，根据心情选择——5

（8）当你听到别人对你不好的评价时，你会选择怎么做？

无视，做自己即可——2

非常在意，并且心情会变得低落——8

视情况而定，如果是亲近之人，则会很受影响——5

（9）如果现在让你回想小的时候，你向父母要某样东西，但并没有马上得到，你的心情会：

无所谓，反正还有别的——3

很伤心和失落，感觉父母并不重视自己——8

（10）当你的身边发生了一件不太好的事情时，你会一直纠结吗？

是的——7

不会——2

偶尔——4

（11）当你要去做一件重要的事情时，会瞻前顾后，非

收起你的玻璃心，碎给谁看

常担心吗？如果将这件重要的事情托付给别人，你也会担心吗？

经常——8

不会——2

偶尔——5

（12）如果你喜欢的人，忽然在朋友圈里发了一首诗："红豆生南国，春来发几枝。愿君多采撷，此物最相思。"你认为对方是在表达：

有了喜欢的人——3

对方在暗示喜欢你——8

对方可能只是喜欢这首诗——4

测试结果：

分数在 75~91 之间：

你是一个拥有"玻璃心"的人，在生活中，你经常为了一些小事而多愁善感。并且喜欢独自一个人待着，不喜欢过多的交际。如果有了心事，也不喜欢和别人诉说，只喜欢隐藏在心中，独自解决。

你的内心比较软弱，渴望别人的关怀，但同时又害怕别人的接近，所以常常处于自相矛盾的处境中，并且经常因为自己内心脆弱而自卑。你习惯了默默地忍受，不允许自己轻易地失态。但是，长时间地压抑自己，会让你的内心更加敏感、脆弱。

第二章　别怕！敏感不是缺陷，而是被误读

其实，拥有一颗"玻璃心"并不完全是坏事。因为敏感，你能够敏锐地感知到外界环境的激励，只要不断强大自己的内心，就能够在感觉到"先机"时，做出正确地选择。

分数在 45～74 之间：

你的内心经常摇摆不定，有时候不会在意别人的评价，有时候也会因为别人异样的眼光而崩溃。总体来说，你内心的承受能力还是比较强的，不会长时间处于感伤的状态之中。你也会有自己的朋友，有自己的圈子，有正常的人际交往关系。

虽然你也会掩饰自己的心情，但是一旦某件事情触及了你的底线，你便会歇斯底里地来维护自己。同时，你也很在乎自己的面子，尽量不让自己在众人面前失态。

你不会轻易和别人起冲突，但同样，你对生活中的很多事情也会表现出无所谓的态度。虽然内心承受能力比较强，但往往生活得很无趣。

若想改变这种现状，你需要加强对情绪的控制，并且积极地去做自己喜欢的事情，从而调动对生活的热情。当遇到事情时，你首先应该让自己保持冷静，只有在冷静的状态下，你才能做出正确的应对。同时，你也可以适当地交几个朋友，从朋友身上汲取正能量，从而让自己的生活变得更加美好。

分数在 29～44 之间：

收起你的玻璃心，碎给谁看

你是一个性格比较开朗的人，而且非常有主意。很少有事情能够让你慌乱，遇到事情时，你总能够冷静地想出对策。你的心理承受能力非常强，并且非常喜欢掌控一件事。但是，很多时候事情并不会随着你的意向而变，所以，你经常处于不甘心的状态。长此以往，这对于你的身心健康只会有害无益。

若想要改变这种现状，不妨多交交朋友，遇到难以解决的事情时，可以适当地向朋友寻求帮助，而不是自己扛着。只有心情开朗了，你的眼界、格局才会开阔，才会有更好的发展机会。

5. 并不是所有内向的人，都是高敏感者

在我们的印象中，玻璃心的人都属于内向的性格，比如，当他们看个公益广告时都有点儿想哭，当看到那些正在遭受不幸的人和动物时，心里会感觉特别压抑……这样的人，我们会认为他多愁善感，伤春悲秋。

有时候在面对周围朋友或同事的批评时，他们就担心对方的负面情绪是因自己而产生，于是拼命搞笑，试图成为人群中的开心果；有时候对周围的环境特别在意，甚至一与别人对视就会感到不自然，对于嘈杂的环境避之唯恐不及；有

第二章 别怕！敏感不是缺陷，而是被误读

时候对于别人随意的一句话就能够脑补出无数的解读。

他们无法克服这种敏感，只能将所有的责任都归咎于内向，最后干脆独来独往，但即便如此，每天收到最多的评价依然是"想太多"与"敏感"。

其实并不是所有的内向都会导致高敏感，美国心理学家伊莱恩·艾伦表示，这种状况其实并不是因为害羞或内向，有一部分高敏感者压根儿就是外向的性格。

这种玻璃心的人，其实一直处于被误会的状态下。很多人眼里的多愁善感或者"玻璃心"，在伊莱恩·艾伦看来，其实是一种与生俱来的特质，他们只属于高度敏感者（Highly Sensitive Person，以下简称HSP）。

据统计，目前全球大概有20%的人是HSP，而其中的30%是外向的性格。他们很容易感受到别人的尴尬并及时送上关照；会被各种形式的艺术感动；细心耐心，但却没办法同时处理多件事；肚子饿了就焦虑，声音嘈杂就烦躁；依赖咖啡因，跟着感觉行事……这种种表现显然与内向的性格特征不符。另外，HSP人群的大脑与其他人相比有些许差异。

研究发现：其中的奥秘可以追溯到生物学，HSP人群的大脑接受和转换信息的方式较常人有些不同，他们的神经系统高度敏感，对行动或各种感官反应的阈值又比较低，这种时刻紧绷的神经，加剧了情绪上的起伏和变化，降低了感官信息的阈值。也就是说，HSP人群释放一个行为反应，所需

要的最小刺激的强度比一般人要低得多。

也正因如此,高敏感者对于周围一切都表现出很在意,比如嘈杂的环境、阴暗的天气……他们都能够在第一时间发现其中的细微变化。除此之外,包含 HSP 特质的大脑部分,与掌管同情、同理心的大脑部分高度重叠,所以 HSP 看不得那些感人的公益广告或者灾难等一切让人心生同情的画面。

同时,他们的大脑过度活跃,因此他们对自身内在情绪的变化感受强烈,比较容易受到情绪的影响;另外,他们的身体对外界刺激的感受也很敏感,他们喝咖啡感觉更提神,对疼痛、饥饿更无法忍受。

有研究者曾对一位名叫 Fatima 的女士做过研究,发现她喜欢投身于大自然之中。当她看到蔚蓝的海岸线时的那种满足使她觉得这仿佛就是她的世界,周遭再无他人;当她走在路边时,会感觉树木仿佛也在跟她说话;当看到耸立的山峰时,会感觉到人类是多么渺小;当她走进房间时,首先注意到的是气味、微弱的声音,并且很容易受到惊吓。Fatima 会在校长或者其他人在场的时候发挥失常,她很认真,可以不惜一切代价来避免错误,但她却无法承受来自他人的目光,极容易被他人的情绪所影响。

而且因为神经系统太过活跃,心思敏感,他们也更容易患上抑郁等精神疾病,很容易感觉倦怠。

从事 HSP 研究的伊莱恩·艾伦博士表示,HSP 是天生的，只不过他们从小就被人贴上内向、多愁善感的标签，甚至被人排挤和嘲笑，尤其是男性。因此HSP会讨厌自己的性格，想要做出改变。

伊莱恩·艾伦博士研究发现，时间会教给HSP处理那些让自己焦虑的事情："随着年龄的增长，大多数HSP都会发展出一套适用于自己的应对机制，比如21岁的HSP可能会因为朋友的劝说，而不情愿地进入嘈杂的夜店，只是为了合群；但是等到41岁时，他们就懂得该如何从容应对了。因此，HSP不需要因为自己敏感，就感到难过。当觉得有些累时，不妨就多给自己一点'关机'的时间，但千万不要因为自己高度敏感、不爱噪音，就要求身边所有的人都保持安静。"

并不是所有内向的人都是高敏感者，高敏感也并不代表自己性格就存在缺陷，你只需诚恳地对待你HSP的特质，这并不是什么丢人的事。

6. 敏感无妨，不必在努力"合群"中找存在感

在生活中，有的人为了显示自己很"合群"，经常在群体中努力表现自己，以示存在感。尤其是玻璃心的人，他们在面对复杂的人际交往时，害怕别人发现自己的特别，于是

收起你的玻璃心，碎给谁看

努力在群体中找存在感，以期让别人认为自己很"合群"。但是很多时候，这样做不但不能获得别人的认同，反而还会被定义为"喜欢出风头"，从而引起别人的厌烦。

刘辉是一个性格比较内向的人，并且很怕别人说他不合群，所以在和别人相处时，别人对某件事情发表了看法之后，他就会紧跟着说出另一种看法来，以表示自己也属于这个群体。但是，这样的刘辉在公司并不受欢迎。

有一次，刘辉的同事假期旅游回来，带来很多特产送给同事。结果还没等给到他，他就急忙向对方讨要道："王哥，我们关系这么好，一定会有我的礼物吧。"

王哥有些尴尬地将礼物拿给刘辉：是当地的特色小吃。结果刘辉拿着礼物说道："哎呀，王哥，你是去这个地方旅游了呀，上次我去了，太让人失望了，一点儿都不好玩。还有这些小吃，就是看着好看，其实一点儿都不好吃……"

还没等刘辉说完，王哥的脸色就变得非常难看，办公室的气氛也随之陷入了尴尬。

性格内向的人在与人交往时都不太会聊天。即使为了合群伪装成性格开朗的样子，也往往会在聊天时将天"聊死"，惹人生气。从小到大，我们经常会被老师和家长教育要多交朋友，不要不合群。从那个时候起，"合群"这个概念就深深地印在了我们的脑海中。"不合群"就像一个不好的标签一样，一旦一个人不合群了，就会有很多人对其指指

第二章 别怕！敏感不是缺陷，而是被误读

点点，认为他性格孤僻，久而久之，大家都会对其敬而远之。

为了"合群"，很多人会伪装自己的性格，选择去服从大众，尤其是进入职场之后。如果在职场不合群，你就会被排挤在工作圈子之外，这十分不利于个人在职场的发展。但是你要清楚自己是一个敏感、内向之人，如果为了"合群"而强行改变自己的性格，那么即使变得合群了，长时间的性格压抑也会使你生活得很累。时间长了之后，你甚至会走向另一个极端——变成与原来完全相反的人，你经常极力地去交朋友来证明自己。比如说，你明明不喜欢应酬，但是因为公司的同事都去了，所以即使你因为工作已经身心俱疲了，为了合群，还是硬着头皮参加了。或者明明不喜欢看肥皂剧，但是因为朋友们都在看，并且为了聚餐的时候有话题聊，你宁愿浪费自己的时间，也要硬着头皮去看。又或者你明明不喜欢小动物，但是因为朋友养了一只很可爱的小猫咪，你为了不让她发现，每次去她家时都要抱一抱小猫，并且极力夸奖小猫好可爱……

在生活中，很多人都有这样的行为。明明有许许多多的不喜欢，但害怕自己被群体抛弃，在面对集体的喜好时，只好违背自己的意愿，选择与集体喜好一致的，融入那些你并不怎么感兴趣的环境。

张雨在朋友的推荐下加入了一个聊天群，为了不让朋友

收起你的玻璃心，碎给谁看

们觉得她另类，只要有人发言时，她就尽量给出回应。但是林子大了什么鸟都有，群里的人也是三教九流：有些人一言不合就开始骂人；有一些宝妈不是在讲家长里短，就是在抱怨生活的辛苦；还有一些人在肆无忌惮地自爆隐私……

而张雨对这些根本不感兴趣，她认为自己并不适合这个群，但她害怕朋友责怪，所以只能向合群靠拢。结果，群里的一些烦心事使得她更加不开心。

当你的心在向你反抗时，你应该听从自己内心的声音，而不是依然太过于在意别人的想法。如果随波逐流，你不但会让自己生活得很累，而且还很容易让别人觉得你虚伪。在生活中我们可以发现，很多玻璃心的人都害怕孤独，他们会想方设法融入一个群体，从而让自己看起来有很多朋友，其实这只是在自欺欺人罢了。有时候，听从自己内心的声音，享受孤独，反而能够给你带来发自内心的愉悦感和满足感。

林晶是一个90后妹子，在一家网络公司上班。刚进入公司时，参加了几次同事聚会，之后她就再也没有去过。工作结束之后，她一般就回家看书、学习，做一些自己喜欢的事情。有的同事就用异样的眼光来看待林晶这种做法，认为她不合群，并且总是问她为什么不参加同事聚会。

林晶说道："我每天用心工作已经很累了，下班只想回家好好休息，而且我也不太喜欢热闹，勉强去了只会让大家都玩得不开心。所以啊，我不去，对大家都好。"同事们听

第二章 别怕！敏感不是缺陷，而是被误读

了，也就不再邀请她了。

林晶利用业余时间参加了一些培训课程，以提高自己的工作能力。渐渐地，她在工作方面愈加出色，不久便得到了上司的赏识，升职加薪了。

没有谁必须天生合群，大多数人也并不会因为你的"不合群"就对你不屑一顾。他们只会在你选择勉强合群而出现不当的行为之后远离你。有人曾经说过："正是孤独让你变得出众，而不是合群。"

在很多时候，一个人不去牺牲、逃避和压抑自己喜欢的事情，反而能够取得成就，获得幸福的生活。与之相反，如果你是个性格内向的人，非要勉强自己到哪里都必须合群，强迫自己去做一些不喜欢的事情，你只会身心俱疲，并不会从中获得任何快乐。

7. 不必自卑，你会爱上这样的自己

《红楼梦》第二十六回，晴雯和碧痕拌了嘴，没好气，忽见宝钗来了，正好把气撒在宝钗身上，兀自在院内抱怨。又听有人叫门，晴雯越发动了气，也不问是谁，便说道："都睡下了，明儿再来罢！"门外的林黛玉恐怕院内的丫头没听清她的声音，因而又高声说道："是我，还不开么？"晴

收起你的玻璃心，碎给谁看

雯偏生还没听出来，使性子道："凭你是谁，二爷吩咐的，一概不许放人进来呢！"

林黛玉听了，气怔在门外。听见院里传来宝玉和宝钗的说话声，心中益发动了气，越想越伤感，也不顾苍苔露冷，花径风寒，独立墙角边花荫之下，悲悲戚戚呜咽起来。

其实林黛玉的表现就符合一个高度敏感者的特征，因为具备较为敏感的神经系统，在遇到事情时会不自觉地产生消极的想法，较普通人更容易失去心理平衡，从而导致自卑甚至引发情绪上的抑郁。

为什么高敏感者更容易心累？主要原因是过于自卑，无法正确地看待自己，对自己过于苛刻。

很多玻璃心的人都会这样想："都是我的错""在任何情况下，我都必须尽全力去做事，我不能让别人发现我的缺点……"玻璃心的人总是无法接受他人的"风言风语"，很在意他人的看法，即便有时候其他人并没有表态，内心敏感的他们也会不自觉地怪罪自己。如此一来，他们就很容易给自己设立很高的目标，希望以此来得到他人的肯定。但是他们经常由于目标无法达到而陷入自怨自艾的恶性循环之中。

比如到一家新单位报到，就想着自己能够尽快得到老板和同事的认同，从而在不知不觉中给自己戴上过于沉重的枷锁。其实，冰冻三尺非一日之寒，你可以稍微为自己留一点儿成长的时间，不要急于呈现自己完美的一面，那样只会消

第二章 别怕！敏感不是缺陷，而是被误读

耗你太多的精力，使得本就容易倦怠的你更加疲惫不堪，你要相信，是金子总会发光的。

其实这种对于自我要求的高标准往往是和低自尊联系在一起的。越是认为自己不够优秀的人，就越容易去遵循一些高标准，以期望自己能够得到他人的认可。而造成这一现象的原因是：长期以来，敏感人群的行为与社会文化价值观不符，他们经常强迫自己做出改变。比如，经常被父母训斥学习太差，工作不好，性格不够活泼等，对于父母的指责，普通人可能会不以为然，但玻璃心的人则不同，他们往往会将问题归咎于自己。由此一来，他们就容易苛责自己，而在这同时，他们内心又会产生浓郁的自卑感。

自卑的人往往会抱着"如果我努力地讨好他们，他们可能就会接受我，喜欢我"的想法，因此，他们常常会委屈自己去讨好别人。但即便能够通过这种方式融入到某个群体，他们为人处世的方式也还是无法得到周围人群的肯定，甚至还可能被旁人贴上"不好相处"的标签，因为对方喜欢的是你的付出，而当你一旦开始关注自己的付出是否得到回报时，就会将自己置身于与周围"敌对"的环境之中，从而使得自己越发自卑。

那么，到底应该怎么做呢？答案就是：降低自己的高标准。

当你的标准降低之后，你会发现，即使你做得不够好，

收起你的玻璃心，碎给谁看

还是有人会喜欢你，甚至会有人告诉你：你变得随和，好相处了。高敏感者要学会善待自己，不用时时想着能为别人做点什么，也不用时时去计较别人眼中的自己是否够优秀。只有这样，你才能对自己有积极的认知，将恶性循环变成良性循环。

有人认为高敏感者是胆小鬼，因为他们在面对别人的攻击时只会选择退缩。而伊尔斯·桑德想告诉大家：高敏感者总是因为各种道德准则和价值观念而瞻前顾后，他们不像那些容易在争斗中获胜的人一样不会过多考虑道德准则。那些获胜的人之所以能赢，是因为他们认为不管以什么方式，只要能取得斗争的胜利就行。从这个角度来说，高敏感一族实在是一个善良又正直的群体。

其实内疚感只能使你把愤怒转向自己。这里我们需要了解内疚感分为合理和过度两种程度。如果你的内疚感和你的行为所带来的影响是成比例的，那么你的内疚就是合理的。反之，如果内疚被夸大或膨胀，则是多余的。

你要明白：生活有它的不确定性，无论面对什么事，你都要有直面自己无能为力的勇气。这样你就不会承受过度的内疚感。也就是说，消除内疚感需要打破"非黑即白"的世界观。

小时候，你可能喜欢一个人待在家里，可是别人（包括你的父母）却说：这样一点儿也不好。你因此会认为自己有问题，认为自己不是一个外向、合群的人。然后，当你再一次被别人发现一个人待着的时候，你就会感到羞耻。

高度敏感者想要找到敞开心扉的勇气，可以尝试听听其他敏感者的说法。

丹麦作家伊尔斯·桑德在其所著的《高敏感是种天赋》一书中提到这样一个例子：在给高度敏感者开展的一次培训课上，如果有人将自己的缺陷讲出来，那么其他人也会紧跟着尝试。在别人的故事里看见自己以为的羞耻的痕迹，对于他们来讲是一种极大的惊喜，他们之后会觉得这没什么值得羞耻的，只不过是一种正常的行为方式罢了。所以说，寻找相似的人在一起，你的内心会在一定程度上得到解脱。

心理学家荣格说：高度敏感可以极大地丰富我们的人格特点。敏感不是缺陷，高敏感是上天给予的最好礼物，是与生俱来的气质。爱上这样的自己，肯定自己的独特，接受自己与别人不一样的地方，利用敏感人群独有的天赋，体会更多的快乐，做一个感受更多，想象更多，创造更多的人。

8. 急于摆脱敏感的特质，不如找到适合自己的生活方式

"敏感"在很多人眼中是一个带有贬义的词语，人们认为一个人的性格如果被贴上了"敏感"的标签，那么就意味

收起你的玻璃心，碎给谁看

着这个人十分不好相处。所以，玻璃心的人都急于找方法来摆脱敏感的特质。

比如说融入群体、去热闹的地方、附和别人说话、参加朋友聚会等，但这都是一些治标不治本的方法。电影《教父》中的老教父曾经对儿子迈克尔·柯里昂这样说："每个人只有一个命运。"即人生只有一次，一个人一次不可能走两条路，一旦选择错误，则势必会给生活带来很严重的影响。我们与其急于摆脱敏感的特质，还不如找到适合自己的生活方式。

世界上没有相同的两片树叶，也不会有完全相同的两个人。每个人都有自己独特的地方，这就意味着每个人的生活方式也各不相同。况且敏感有时候也不是一件坏事，在很多时候，一个玻璃心的人反而更容易取得显著的成就。因为他们所拥有的敏锐的感受力能够帮助他们快速地感知别人的情绪，并且及时做出正确的反应。

如果只是一味地去摆脱敏感的特质，那么他们很容易从一个极端走向另一个极端，从而导致另一个让人无法接受的后果：从敏感变成了麻木和无所谓。而这无疑是对一个人感知能力的残酷扼杀，使他们再也不能在有限的时间内去观察到更多生命和世界的细节。

因此，高玻璃心的人不应只是一味地扼杀敏感，而是应该学着放大自己的优势，学会用敏感的特质找到更适合自己

第二章 别怕！敏感不是缺陷，而是被误读

的生活方式。我们可以通过尝试以下做法来达到这一目的：

（1）遇事积极面对

很多玻璃心的人总是喜欢以消极的态度来看待周围发生的事情。看到花开花落便能够联想到自己生活中的不如意；被人告白，就开始担心恋爱以后吵架了怎么办；到了一个新环境之后，就会担心同事对自己不友好……

时间长了，这种过度的自我保护便会在一定程度上使你的认知发生扭曲。因为你所认知的消极现实与事实并不相符，那只不过是你幻想的一种可能罢了。当这种可能取代了你所有的认知之后，你就会变得与这个社会格格不入。

玻璃心的人应当用积极的心态去面对任何可能发生的事情。在生活中你们可以刻意地做一些训练，以改变自己的思维方式。比如说，当你受到环境中消极因素的影响时，可以尝试着给自己补充一些积极的信息，以使自己的认知达到平衡；当你进入一个新环境，敏锐地发现有人对你不友好时，可以有意识地去告诉自己，这里同样有热情对待我的人，从而用积极的态度来代替消极的情绪。进行一段时间的训练之后，你会发现，你可以更加全面地处理和加工生活中接收到的信息，不再轻易地走极端了。

（2）对于事情要想透，想不透就学会放弃

因为自身敏感，玻璃心的人会较常人接收到更多的信息。而且他们常常会不由自主地胡思乱想。而很多事情他们

收起你的玻璃心，碎给谁看

又往往了解得不够透彻，因此经常产生很多误会，而使自己的生活变得更加混乱。

很多人常常抱怨："我也不想想太多，但是我控制不住自己啊。"他们也想要改掉这个恶习，但却无从下手，因此，只能一味地压抑自己。

想要控制自己不去想太多，我们不妨先找一个思考点，然后再找其中最重要的一件事想透彻，弄清它的前因后果，然后一件一件地解决。如果实在难将其想清楚，你可以将想到的东西写到纸上，然后你就可以清晰地看到自己的所思所想，并据此决定接下来应该做什么。当然，如果是实在无法想清楚的事，也不用纠结，你可以尝试放弃。因为无论你纠结多久，这些事情都不会有结果，反而只会浪费你宝贵的时间。

当你养成习惯之后就会发现，那些纠缠你，让你头疼的琐碎的事情，其实解决起来并不困难。

（3）不随便给自己贴标签

玻璃心的人身上往往会有这样的标签：孤僻、爱哭、喜欢发牢骚等。而且他们很容易根据别人给自己贴的标签来定义自己，然后将注意力专注于那些负面的标签，并且认为自己就是如此。他们并没有意识到这些标签只是别人眼中的自己，而不是真正的自己。

我们不妨抛弃这些负面的标签，重新从更为广阔的视角来认识自己。比如说,如果你是一个很爱哭的人,那么你可以理解为自己心思细腻,情感丰富。从而在可控的范围内,将这一特点转变为优点。

(4)远离敏感环境

每个人在情绪敏感时,总是很容易被某件事情刺激到,然后形成一种"自动应对机制"。久而久之,便会养成习惯,在某些时候无意识地对一些事情做出相同的反应,敏感的性格就是这样形成的。若想要改变敏感的性格,我们需要弄清哪些事情会刺激我们的情绪,然后远离它们。

我们可以运用"自我观察"的方法来细化构成情绪的多种信息流。比如说,当我们因为某种刺激而陷入某种情绪不能自拔时,不要急于逃避这种情绪,而应静下心来,将这种情绪和导致这种情绪发生的原因记录下来,并对其进行分析,从而找到应对的方法。

(5)慢慢来

如果做事太急切,不但容易出错,而且还会导致很多原本不存在或者潜在的问题彻底暴露出来。人是一种复杂的情感动物,情感是其敏感领域,想要对其进行探索、改变是一件很困难的事情。

如果时间允许,我们不妨先来通过一份心理测试题测试一下自己的敏感程度,明确测试结果之后,再有针对性地对敏感程度进行分析。比如,当我们无法面对自己的情绪时,

收起你的玻璃心，碎给谁看

不妨先设定1分钟的时间期限，让自己在这1分钟之内面对自己的敏感情绪。然后慢慢地增加时间，从而提高自己控制敏感情绪的能力。

当你找到了适合自己的生活方式之后就会发现，其实生活中的那些令你敏感的事情真的是微不足道。而当你的内心逐渐强大起来时，你就会发现自己已经变得无所畏惧。

第三章

扬长避短,让敏感成为你的职业优势

第三章　扬长避短，让敏感成为你的职业优势

1. 玻璃心的人通常富有超强的创造力

我们大多数人都是每天按部就班，不是在公司就是在家，天天绕着城市转悠。从事的工作也是千篇一律，枯燥到有些乏味，有时候甚至感觉自己闭着眼睛都可以完成，但除了如此我们又别无选择。

在工作当中，很多人都感觉是在浑浑噩噩地混日子，除非是自己喜欢的事，否则很容易陷入"职业枯竭（职业倦怠）"的状态。

美国心理学家贝弗利·波特认为，所谓的职业枯竭就是：你有工作能力，但却丧失了工作动力。比如时常觉得工作索然无味，毫无意义；觉得自己筋疲力尽，才华已经到了油尽灯枯的地步；时常厌倦工作，缺乏继续工作的动力。

为什么重复会带来厌倦呢？可以用一个简单的心理学定律来解释：各种事情带来的刺激度，都是在初次刺激时的兴奋度最高，之后兴奋度逐步下降，如果后来陷入了简单重

收起你的玻璃心，碎给谁看

复，就会带来厌倦。一旦熟悉工作程序之后，就容易陷入机械般的重复状态，而没有创造性的工作，会榨干一个人的活力。

美国著名风光摄影师亚当斯说："一个人在自己天赋的指引下，兴趣、工作、生活、理想都结合到一起，发光发热，照亮和温暖别人……"

但是现实往往会与理想存在差距。试想一下，在生活中有多少人是在做自己喜欢的工作呢？答案是：一般很少。很多人都是一边工作，一边抱怨。但为生活所迫，他们又不得不继续做下去。

那么，既然无法改变，我们为什么不让自己工作得更愉快一点儿呢？比如，在工作中提高创造力来增添更多的乐趣。

创造力可以来自漫不经心的思考，也可以来自细微的行动，甚至可以来自生活中的小灵感。比如，你可以做一个简单有趣的电子表格对工作内容进行归档，可以将自己的办公桌摆满自己喜欢的小物件，可以在工作之余开窗呼吸新鲜的空气，可以在团队的邮件中添加一个有趣的gif……这些简单的小细节都可以在一定程度上为工作增添乐趣。如果玻璃心的人能够调动自己细微的观察力，发现生活中的美，那么他们的工作也就不会那么无聊了。

日本实业家稻盛和夫曾说：当你全身心投入某件事情当中时，会出现一种叫"心流"的体验，心流出现时，人会有

第三章 扬长避短，让敏感成为你的职业优势

忘我感，会忘记时间和空间，并会有合一感，这时候有一种强烈的幸福感涌现全身。

米哈里·契克森米哈赖总结的心流发生规律：找一个你基本能控制的事物，稳定地投入其中，并且要有挑战性，即所做的事情有时会超出你的能力，但不要超出太多，然后不断努力，并不断接受到正反馈，即你的努力有效，那么久而久之，心流就可以出现了。

玻璃心的人应该认识到自己的生活与工作不是无法改变，他们可以动用自己的创造力，不停地去尝试任何新鲜事物，对于分量很轻的工作，他们也可以为自己设置难题并不断解决难题。

洛克菲勒在早期经营石油生意时，正好赶上石油市场低迷，大家都赚不到钱。洛克菲勒公司的一些油产品是用铁罐装的，为了防止泄漏，会给这些铁罐用一种熔点较低的、名为焊锡的金属进行封口。

有一次，洛克菲勒到工厂考察，发现工人在焊接的过程中有多余的焊锡，便问道："这个需要滴多少滴才能够封住？"

工人不解，下意识地回答道："40滴。"

洛克菲勒又问为什么，工人们回答不上来，只是说以前都是这么做的。

洛克菲勒想了想，便让工人试试38滴如何。工人尝试后说："38滴也可以，只不过偶尔还会漏那么一点点。"

洛克菲勒又让工人加一滴试试，结果39滴正好可以封住。

洛克菲勒说："任何事情，都有无限完善的可能性。"在那个所有石油公司都在赔钱的时代，只有他的公司还能赢利。同样的一份原油，他能够提炼出300多种副产品，包括卖给客户的不同纯度的汽油、送给别人铺路的沥青、送去工厂的电白油（可用于去油渍、做蜡烛、做凡士林等）。洛克菲勒的创新说来既简单又不简单。说简单，是因为并不是什么伟大的创新，而只是小细节的改进而已，说不简单，是因为他一直是这么做的。

很多时候我们感觉工作枯燥，只是由于我们认为每天重复地做着同样的事情。当你调动自己的创造力后，你会发现，其实任何事情都有无限改善的可能，创造性能够让工作变得更加灵活与精彩。

2. 逻辑缜密，心思细腻，不容易犯低级错误

生活中的很大一部分时间我们都处于工作当中，如果工作进行得顺利，心情自然很好，对于各方面的事情也都不会耿耿于怀；如果在工作中犯了错误，遭到领导批评，那心情肯定是一落千丈，那么其他事情的处理多少会受到影响。

第三章 扬长避短，让敏感成为你的职业优势

"金无足赤，人无完人"，要说不犯错，谁也不能保证。犯错并不可怕，只要你不断地总结工作经验，就可以让自己少犯错误。即使是公司的元老，也有犯错误的时候，更别说是新人，我们要学着接受自己的不完美，学着克服自己的缺陷，逐渐发现更好的自己。

眼高手低可能是刚刚参加工作的人的通病，理想很丰满，现实很骨感。没有经历过挫折和磨难的人，往往容易高估自己的能力，认为自己是最优秀的，值得拥有更高的职位和薪资。在这种心理的作用下，很多人总是觉得自己得不到公司重用，认为自己是要做大事情的人，对于领导安排的"小事"总是不屑一顾。久而久之，这些刚入职场的人，虽然潜能无限，但却总是在小事情上出现各种失误。

而玻璃心的人却不会如此，玻璃心的人心思细腻，在乎他人的情感与情绪，对于自身不会有特别高的期待，得到他人的认可就能够开心一整天。也正是因为如此，玻璃心的人无论做什么事情都比较认真，哪怕是一件微不足道的小事，他们也能够全心全意地对待，做得尽善尽美。他们往往拥有不怕吃苦的心态，凡事钻研再钻研，脚踏实地，最大可能地减少工作中可能存在的错误。

很多人因为只看到工作的表面，没有深入到内部，把工作想得过于简单，工作常常出错，完成的结果常常不符合领导与客户的要求。刚刚从事工作的人，缺乏丰富的工作经

收起你的玻璃心，碎给谁看

验，有时候容易被事物的表象所迷惑，听到客户的要求之后，往往无法把握工作的要点。

玻璃心的人却不会如此，他们具有细致入微的观察力，具有较强的分析、思考问题的能力，总会深入思考对方语言背后的含义，并且做出有效的应对。这使得玻璃心的人常常能够做到说一做十、触类旁通，凡事考虑得更加周全。也正是因为如此，很多玻璃心的人可能工作几年基本上都没犯过什么错误。

心思细腻的人虽然有多愁善感的一面，但他们也会注重实际，做事情之前往往先进行实地调研，在有把握的情况下工作。不像很多做事情不接地气的员工一样，整天坐在办公室无所事事，写出来的材料漏洞百出。玻璃心的人做事情之前往往会注重事情的成功，特别害怕因为自己的错误而导致被领导或者客户批评，所以在工作的时候，很多数据与调研都不会直接拿到手就用，他们会反复地进行查证，以减小错误的概率。

很多玻璃心的人普遍不是特别自信，尤其是在与人交往时，他们甚至会出现一些接近自卑的表现。此时，大多数高敏感者不习惯一意孤行，而是喜欢听取他人的意见与建议。比如需要做一个网站设计，高敏感者虽然也有构思和独特的创意，但还是喜欢询问一下领导与客户的要求，并且向同事请教。这样一来，可以避免很多三观不同所带来的差异，减

第三章 扬长避短，让敏感成为你的职业优势

小客户要求返工的概率。

同时，玻璃心的人还会常常自省，提醒自己以避免出现相同的错误。他们内心总是比较柔弱，无法接受因为自己的失误或错误而给其他人带来麻烦。所以在工作时，尤其是在团体合作时，他们会严格要求自己，反复提醒自己，避免出现错误，对于自己负责的工作，更是要求到有些苛刻。如此一来，他们出错的可能性大大减小，而他们对自己的这种高要求，有时还可以带动其他同事严格要求自己。

最后，玻璃心的人一般都比较细心，在我们大多数人看来，细心的人不容易出错误，其实这不是很准确，应该说细心的人总是能够发现自己的错误并及时改正。如果将工作比作一份总分为 100 分的试卷，我们大多数人能够达到八九十分，但实际操作起来，我们却只能拿到 60 分，导致这一结果的原因是自己的粗心大意。当然，我们可以通过反复的审核与校对来改正这些错误，但是在领导眼中，我们却只有 60 分的能力。

而玻璃心的人喜欢反复核对，他们在提交报告前总是要多次检查，这样一来，或许他们只有 70 分的能力，但是因为反复检查以及向领导、同事请教，却可以取得 80 分的工作成绩。此时，无论有多少缺点，实际工作能力高与低，领导与客户对他们的评价都是实实在在的 80 分。

所以，玻璃心的人也不必自怨自艾，你们可以运用自己

的逻辑思维、细腻的内心来反复检查自己的工作,大幅度地减小自己出错的概率。这样一来,即便自己的性格不受欢迎,因为自己的工作出色,也能够得到公司重用。

3. 对细节的敏感,让你在职场脱颖而出

很多时候我们可以发现,在职场上能够脱颖而出的人往往不是因为能力突出。他的能力可能和很多人一样,但是有一点不同,他们对工作中的细节非常敏感,而正是这一特点能够让他们在工作上获得成功。这种敏感力,我们称之为职场敏感度。

所谓的职场敏感度,简单来说就是一种职场意识,是人们在工作中对于自己所处的工作岗位和工作状况有着清楚的认知。比如说,在工作上敏锐地感知上司对自己工作的看法;或者是与同事相处时,同事对你的态度;又或者是和客户谈项目时,客户对你工作策划的满意度……若一个人在职场上拥有敏感的思维,则可以更好地提升自己,从而改变职场地位。

在一次项目紧急加班中,王茜发现同事的脸色有些苍白。于是她悄声问她怎么了,同事说自己的胃病犯了,但是自己的工作又非常重要,如果延期完成就会影响其他人的后

第三章 扬长避短,让敏感成为你的职业优势

续工作。

王茜给同事倒了一杯热水,并拿了常备的胃药给同事,小声地说道:"先把药吃了,休息一下,你那些工作正好我也懂,我帮你做一部分,不要着急。"同事听了,大受感动。王茜做这些事情时,没有大声喧嚷,只是默默地给予关怀和帮助。

正是凭借着敏锐的感知能力和默默地助人为乐的品质,王茜获得了同事们的喜爱,在工作上也越来越顺利,后来得到公司的重用。

一个敏感力高的人在工作中往往能够如鱼得水。他们会关注别人忽视的细节,并且将其做好,这就是他们能够在职场上脱颖而出的原因。

当然,在职场上需要敏锐感知的细节并不止这些,还有很多。比如,除了每日的工作之外,我们还可以想一想"我现在做的工作是不是最重要的?""我的本职工作的重点是什么?"等,只有弄清楚这些,站在公司的立场上,从多个角度去思考工作方面的事情,敏锐地洞悉公司的发展走向,才能够在职场上站稳脚跟。

很多时候决定成败的往往是细节。尤其是在职场上,一个不起眼的小地方,如果注意到了,你就可能成功。如果没有注意到,你就可能失败。

有一家公司招聘文案策划,张彬刚好专业对口,于是他

收起你的玻璃心，碎给谁看

去参加面试。到了这家公司之后，张彬发现很多面试的人都排队等候在洁净的大厅里时，开始紧张起来。这个时候他发现，墙边散落着两三个很脏的纸团，这和洁净的大厅格格不入。张彬很爱干净，顺手将纸团捡了起来。但大厅里没有垃圾桶，张彬便将纸团放到了口袋里。

面试开始了，前面等待的十几个人斗志昂扬地进去，结果没一会儿就一个个沮丧地走了出来。很快就轮到了张彬，张彬有些忐忑地走了进去，发现三个面试官严肃地坐在前面。

面试官面无表情地问道："如果你是公司的员工，对公司有什么建议？用一句话表达。"

张彬有些不知所措，正当不知道怎么回答时，忽然碰到了有些鼓的口袋，脑中灵光一闪，说道："如果能在大厅放置一个垃圾桶就好了。"

面试官继续说道："你怎么证明自己的建议是正确的？"

张彬拿出了口袋里的脏纸团，说道："这是我刚刚在大厅里捡到的，如果有一个垃圾桶，就不会出现这种情况了。"

这时，面试官笑着对张彬说道："恭喜，你被录取了。"

性格敏感并不是一件坏事。其实，玻璃心的人在职场上拥有很大的优势。比如说，可以及时发现并改正自己的错误；可以及时察觉自己的不足，从而提高自己的能力；可以敏锐地感知上司的话中之意，出色地完成任务……

虽然说我们要在职场上保持敏锐的感知力，但这并不意

第三章　扬长避短，让敏感成为你的职业优势

味着在工作上可以胡思乱想。因为，在职场上尤其忌讳胡思乱想、胡乱揣测别人的话。

玻璃心的人不但对事情和别人的感受有敏锐的感知力，他们还喜欢对别人的言语、行动进行揣测。一旦别人有了什么不愉快，他们就将责任揽到自己身上。甚至明明别人话中没有别的意思，他们还会认为别人言语之中对自己存有恶意。而这对于个人在职场的发展没有任何益处。

敏感用对了地方，就是一件好事，用错了地方，就会变成一件坏事。我们想要在职场上脱颖而出，敏锐的感知力必不可少，而将敏锐的感知力用对地方则十分关键。如果我们能将敏锐的感知力运用在工作的重点、环境、个人形象、时间管理、同事关系的处理方面，那么我们就能在职场上如鱼得水。但有一点需要注意，当我们在人际交往中，敏锐地感知到别人对自己不友好的情绪时，也不要斤斤计较，因为只有这样才能更顺利地获得他人的帮助并完成工作。

4. 利用敏感者敏锐的洞察力获得成功

敏感是性格的一个特点，虽然有时候敏感会被人当做不成熟的表现，但是真正不成熟的并不是敏感，而是敏感时的表现。当我们日渐成熟，懂得利用自己的敏感来观察周围的

收起你的玻璃心，碎给谁看

人际关系，把握彼此的心理变化时，敏感就会成为我们手中的利器。

玻璃心的人仿佛天生就拥有洞察一切的观察力。当别人出现了心理问题时，他们能通过细心观察，语气推断，发现根源，并找出合适的对策和安慰的话语。他们总是能够发现周围环境变化所带来的影响，并以此来调整应对之策。

古人云："故审堂下之阴，而知日月之行，阴阳之变；见瓶水之冰，而知天下之寒，鱼鳖之藏……"在传统的印象中，洞察力往往是用来形容女性的词，其实任何人都可以拥有洞察力，尤其是渴望获得成功的人，洞察力可谓是他们职场飞奔的加速器。

很多出色的政治家、军事家能够通过一些看似风马牛不相及的小事推断出一场惊天阴谋；杰出企业家经常能从生活中最容易被人忽视的小事上发现前所未有的商机；优秀的刑侦人员更是能够通过一些潜藏起来的蛛丝马迹来判断案件的全部经过以及罪犯。可见，想要获得一定的成就，就必然需要具备一定性格特质，细致入微的洞察力就是其中的一种。

在改革开放初期，政治气候尚不明朗，很多商人都不愿意到大陆投资。但是这个时候，已经56岁的香港商人霍英东，却觉得在大陆投资的前景很广阔，进行一番实地考察之后，他于1979年1月，向广东省人民政府提议：由他出资1350万美元，广东省提供3631万美元的贷款，在广州建一

第三章 扬长避短,让敏感成为你的职业优势

家五星级宾馆——白天鹅宾馆。这是新中国成立后第一家由内地与香港合资的五星级酒店,在当时,很多人都以为霍英东疯了。

后来,在对霍英东进行采访时,记者就这一次的投资事件问道:当时是一时冲动,还是内地有自己的眼线?

霍英东回忆道:"当时投资内地,就怕政策突变。那一年,首都机场出现了一幅体现少数民族节庆场面的壁画《泼水节——生命的赞歌》,我注意到其中一个少女是裸体的,这在内地引起了很大的争论。我每次到北京都要先看看这幅画还在不在,如果在,我的心就比较踏实。"

从一幅饱含争议的画中的细节,就能够判断出普通人的接受范围,以及未来政策发生改变的可能性,这种细致入微的洞察力使得霍英东仿佛拥有预知能力一般。类似这样的情节,我们在生活中也经常见到,有的人只是走马观花,有的人会对画面中裸体美少女津津有味地评头品足,这样的观察深度和角度怎么能够从中发现奇迹呢?

一只在南美洲亚马孙河流域热带雨林中的**蝴蝶**,偶然扇动几下翅膀,两周后便极有可能在美国得克萨斯引起一场龙卷风。看似不相关的事情,若出现细微的变动,就能够引发蝴蝶效应,在工作和生活中若没有细致入微的洞察力,则很难在变幻莫测的环境中抓住真正的机遇。

老叟箴言:"走马观花易,心细如发难。"缜密的心思是

收起你的玻璃心，碎给谁看

创意的源泉，走马观花虽然惬意，但却也经常错过最美的奇观；马虎大意就像网眼粗大的筛子，而机遇就是细小的沙粒。只有心细如发，才敢气吞山河。大多数人认为创新很难，创造奇迹更难，那是因为他们观察世界、"阅读"世界的心思不够细密，不知成大事者皆为心细之人。

电影《教父》中有一句影响了很多人的话："花半秒钟就看透事物本质的人和花一辈子都看不清事物本质的人，注定是截然不同的命运。"一眼看到事物本质，一语就能够道破天机的洞察力，对于很多人来说可遇而不可求，但是长时间的训练还是能够加强自己洞察力的。

郭德纲曾说："活得明白，与时间无关，跟经历有关。3岁经历一个事儿这辈子就明白了，活到95岁还没经历这个事儿，他也明白不了。"很多事情我们看不透，其实并不是因为我们洞察力太弱，而是因为自己没有经历过，不明白事情的真相。

所谓"读万卷书，行万里路"，二者都是观察世界的方式，并且缺一不可。当我们感到自己的思维有些模糊时，不妨先从身边的事情开始做起，走着走着，可能我们自己就会发现事情的真相。

玻璃心的人天生就具有很强的洞察力，但这并不意味着不再需要提高，只有将洞察力与自己的行动、学识相结合，才能够使其在工作中发挥更大的作用。

第三章 扬长避短，让敏感成为你的职业优势

5. 敏感者特有的丰富想象力是成功人士都有的特质

爱因斯坦曾说："想象力比知识更重要，因为知识是有限的，而想象力概括着世界上的一切，推动着社会进步，并且是知识进化的源泉。"

世界之所以能够快速发展，是因为人们的想象力在其中发挥了至关重要的作用。在生活中我们可以发现，丰富的想象力是很多成功人士都有的特质。这同样也是敏感者的特质。

中国最著名的科幻小说家刘慈欣，就是一个想象力丰富的人。他写的科幻小说《三体》更是被赞为世界级大师水平的作品。

刘慈欣曾经给女儿写过一封信，信中他这样写道："在火星的荒漠，在水星灼热的矿区，在金星的硫酸雨中，在危险的小行星带，在木卫二冰冻的海洋上，甚至在太阳系的外围，在海王星轨道之外寒冷、寂静的太空中，都有无数的人在工作着。你当然有权选择自己的生活，但如果你是他们中的一员，我为你而骄傲。"并且刘慈欣还和女儿约定，让她200年后再打开。这完全不符合人类的生存规律，由此可见刘慈欣的脑洞之大。

收起你的玻璃心，碎给谁看

有一次，刘慈欣接受记者的采访，记者问道："你怎么会有如此丰富的想象力呢？"

刘慈欣回答道："其实，我本来就对大自然的现象和尺度特别敏感。有一次，我看了一本名为《宇宙》的书，书中举了一个例子：如果太阳是西瓜那么大，地球是芝麻那么大，而这之间的距离还会有几千米？当时我看了就觉得非常震撼。很多时候，仅仅是几个数字的东西，在我眼里就成了一种形象。"

丹麦作家伊尔斯·桑德曾经在书中这样写道："由于神经系统发达，敏感者们不仅能从外部世界接收到大量充满细节的信息，而且还很擅长对信息进行深度加工。他们接收和感知到的信息会触发大脑里的各种概念、想法并在它们之间建立联结。因此，敏感者们往往想象力十分丰富，并拥有五彩斑斓的内心世界。"

敏感者们不需要过多的外界刺激，就能够达到文思泉涌的境界。正所谓："现实的世界是有限度的，想象的世界是无涯际的。"在生活中我们经常能够发现，那些文学家、艺术家或者是画家等，除了注重理论知识之外，还更加注重培养自己的想象力。

丰富的想象力这种天赋，如果能够好好利用，就会成为敏感者无价的财富，激励着他们创造无数优秀的作品。

而在生活中，很多人听到别人对自己的评价是敏感时，

第三章 扬长避短，让敏感成为你的职业优势

就会变得神情严肃，认为对方是在贬低自己，并且经常为此而感到自卑。其实，大可不必如此。敏感并不是一个人的缺陷，恰恰相反，敏锐的感知力反而可以丰富你的人格。

当一个人敏感时，能够更加敏锐地感知外界的事物，甚至能够注意到一些常常被别人忽略的地方。尤其是在职场上。人是社会性的动物，没有人能够独自成功，任何人想要成功都离不开别人的帮助，而敏锐的感知力可以使你拥有一个好人缘。

很多职场上的老员工已经习惯了千篇一律的工作，他们敏感力退化，已经对于周围的环境变得麻木，对于未来更是失去了想象力，认为自己只能这样渐渐老去。这样的人或许会随着时间的流逝，在一个小领域里凭借自己的资历获得一定的成就，但是却很难成为一个成功的上位者。

刘维最近很烦恼，他这段时间交上去的工作总是被主管驳回，说他设计的效果太缺乏想象力，比较死板。就在烦恼时，他听到同事王宣的设计被主管表扬的消息。刘维非常不解，为了弄清王宣的设计到底比自己强在哪里，他主动去看王宣做出来的最终效果。

当看到王宣的设计稿时，他瞪大了眼睛。王宣并没有运用过多的、复杂的元素，而是在满足基本要求之后，利用自己的想象力在设计稿上添加了很多延展元素，让设计稿变得更加丰满。

收起你的玻璃心，碎给谁看

著名演说家安东尼·罗宾斯曾经说过："想象力能带领我们超越以往范围的把握和视野。"由此可见，拥有丰富的想象力是一件多么重要的事。

玻璃心的人很容易受到外界的影响。心理治疗师伊尔斯·桑德曾这样说过："与社交性社会的常态格格不入，高度敏感、灵魂脆弱，与周围的人相比，他们更容易受到环境的影响，甚至为此痛苦不堪，但是他们也因此拥有不曾被发掘的惊人潜能。"

其实，无论一个人的职业是什么，无论他是否是敏感型人格，如果他拥有丰富的想象力，并且拥有将其付诸行动的实践能力，那么就能够取得成功。敏感者可以敏锐地感知外界事物，并且拥有丰富的情感。而且他们的思维更是天马行空。这就意味着，他们拥有更多的发展可能和成功机会。

所以说，玻璃心的人无需自卑，只要做好自己就好，如果你们能够不断发挥自己的想象力和创造力，就很容易获得意想不到的成功。

6. 顺应敏感的天性择业，必有所成

说起敏感，大多数人的第一印象就是不好相处，很多有过与敏感者共事经历的人，会用自己的亲身经历来阐述敏感

第三章 扬长避短,让敏感成为你的职业优势

者的种种缺点。而敏感者自己也认为自己无法与人合作,感觉自己的工作非常不顺利,甚至存在厌恶工作,在家待业的情况。

其实这种彼此都劳心劳力的感受,并不是敏感这种性格所造成的,而是因为敏感者根本没有找到适合自己的定位,没有从事适合自己的工作。

玻璃心的人的性格、感情都容易情绪化,感情细腻的人往往有着丰富的内心世界。这样的人自然拥有远超常人的感受能力,对于周边的事物以及情感的变化都会有较为深刻的体验。但同时,这种强感悟能力也会带来负面影响,使敏感者很难使自己的注意力长时间集中,最为常见的表现就是:他们常常会突然陷入到自己的世界而中断正在进行的事情。

这样一来,使得玻璃心的人在从事比较枯燥乏味的、不断重复的、并且需要注意力高度集中的工作时,常常因为无法集中注意力而出错;也会使得他们在与人合作时,因为突然闪现的灵光点而与人争执,不得不中断合作计划。这就是很多人都觉得敏感是缺点,不愿意与敏感者合作的原因。

敏感者可能更适合于具有较少约束、需要适度创造力的工作。约束性太强会使他们内心难以承受,富有创造性的工作对于他们来讲,则可能缺少有效的刺激,使得他们无法发挥最佳的状态。所以,这类人适合从事与艺术有一定相关性

收起你的玻璃心，碎给谁看

的工作，比如文字、歌曲、表演、教育行业。

最小说首席编辑痕痕在《痕记》中写道："作家们都是脆弱而敏感的，他们像是海底触须庞杂的海葵，对任何游过身边的微小情绪都牢牢抓紧，一触即发。"对于玻璃心的人群而言，创作常常被他们当做应对情绪反应的一种机制。许多作家、画家、音乐家等从事创造性工作的人，都被发现是玻璃心的人。

在刚刚恋爱的年轻人之间，有时候简简单单的一句话，都有可能被彼此解读出好几种含义，然后再脑补出各种场面以及故事，复杂程度堪比史诗级的好莱坞大片。所以情侣之间稍有不和，就可以使彼此陷入纠结、冷战、争吵，甚至两人就此分道扬镳。

如此看来，敏感在生活中显然不是很受人欢迎，但如果将这份敏感用在文学创作方面，那么它将会发挥意想不到的作用。

比如，一般人写故事，通常只会写勇士通过努力打败了大魔王。而玻璃心的人不会这么想，他们会思考勇士为什么打大魔王，大魔王又为什么会人人喊打，彼此之间有什么样的联系，彼此又是什么样的心理，如此一来，故事内容就会更加丰富。

也许是因为玻璃心的人在生活中不容易与人相处，他们

第三章 扬长避短,让敏感成为你的职业优势

时常需要照顾别人的情绪与反应,所以在创作的时候,他们反而觉得更容易。敏感可以让他们更好地感知所生活的世界,从而发现更多可以书写的素材,敏感可以让他们的情感变得更加丰富,从而更好地把握人物的感情。

著名作家格非在接受记者采访时曾说:"文学艺术是现实最为敏感的触须。"一个人的感悟、洞见以及个人对于这个世界有没有看法,在文学创造方面是非常重要的。格非认为:一个对世界没有看法的作家,怎么训练也没有用。你的这个过程,需要非常漫长的时间来积累,这涉及你个人的生活、经历。并且和你对生活是不是严肃、认真,也有关系。

一些人即使遭受了巨大的挫折,承受了痛彻心扉的痛苦,也会若无其事。而玻璃心的人不会如此,他们对于自己的每一次经历、每一份痛苦,对于这个世界的每一种感悟,都会铭记于心。而当经受、感悟这些痛苦之后,所写出来的东西,明显会与前者不同,无论是写作内容,还是材料质地,都会产生质的飞跃。

很多作家在被问及"你写作的最大秘诀是什么"时,都会这样回答:除了日继一日地写作之外,最大的秘诀就是非常强大的感性能力,对于周边的一切变化都能够敏锐地觉察到。敏感是一位优秀作家必备的条件,正是因为敏感,他们

才能够感受这个世界所富有的"情绪",并且将这些"情绪"以文字的形式记录下来。

7. 商机属于对外界变化敏感的人

罗丹曾经说过:"生活中不是缺少美,而是缺少发现美的眼睛。"如果将这句话应用到商场,就是"生活中不是缺少商机,而是缺少发现商机的眼睛"。

在商场上,无论是大公司的经营者还是小的个体经营者,如果想要将企业、店铺持久地、稳定地发展下去,就不能缺少发现商机的眼睛。只有发现了商机,你才能走在别人之前,赚取足够的钱来维持企业、店铺的发展。

而这就要求经营者对外界的变化时刻保持敏感,从中筛选出自己需要的信息,并及时地将其运用到企业的运营中。我们仔细观察可以发现,生活中的成功人士在成长的过程中都有敏感的时刻。而且他们可以恰到好处地将这种敏感融入到自己的生命中,并最终将其运用到事业中。

商场对于一个经营者的要求是拥有能够捕捉和创造商机的敏锐思维和慧眼。一个经营者成功的前提就是"敏锐"。一个迟钝、麻木的人,对于外界的很多事情都无法敏锐地感

第三章 扬长避短，让敏感成为你的职业优势

知，又怎么能期望他在复杂的社会中抓住商机呢？

2007年，当国内门户网站一款自主研发的在线游戏获得了上亿的收益之后，国内网游时代正式来临。

看到网游市场的广阔前景之后，有人便拿着数据调研报告找到百度老总李彦宏："从调查来看，百度社区有很多用户都是网络游戏的玩家，他们每天都花费大量的时间玩游戏。既然用户都有了这方面的需求，我们是不是也应该尝试着做一款网游来满足用户的需求？"

然而，李彦宏仔细地看完数据之后，拒绝了研发网游的提议，并且提出了不同的见解："我刚回国的时候，就已经看到了国人对于网络游戏的热情，但是我们百度对于游戏研发并不擅长。但是即使不做网游，我们也还可以通过别的方式来满足用户的需求。比如说，可以通过合作的方式，为网游厂商提供一个推广平台，当所有网游都集中在我们平台时，用户自然就会选择百度。"

于是，百度游戏频道就这样诞生了。这是国内第一个网络游戏平台，百度获得的收益并不比单独做网游少。

在很多时候，有些人对于商业的敏感是天生的，比如大商人胡雪岩。但是更多的时候，我们是通过自己的"敏感"来培养对商业的感觉的，以及时抓住商机。

对于商机的敏感，尤其是在面对机会时的快速反应，是

收起你的玻璃心，碎给谁看

企业经营者必备的素质。一位成功的企业家曾经这样说过："商机就像飘在天上的白云，它在每个人的眼前飘过，只有敏锐的慧眼才会注意它、盯住它。以深刻而敏锐的眼力或洞察力去发现商机，才是企业家精神的本质。"

机会对于每个人来说都是平等的，而敏感者因为对外界的感知力比较强，一旦出现商机时，他们就能够及时发现并且抓住它。

很多熟悉商界的人可能都听过"一言8亿"的传奇故事。故事的主角是商界大鳄潘石屹，他从隔着桌子的、几个不相干之人的话语里听出了8亿的商机。

1992年，潘石屹还在海南万通集团任财务部经理，因为海南楼市泡沫破灭，万通准备将商业重心转移到北京，于是派潘石屹打前锋。

潘石屹刚到北京时，到食堂吃饭，听到邻桌吃饭的客人说北京市给了怀柔四个定向募集资金的股份制公司指标，但没人愿意做。

潘石屹听了之后若有所思，然后不动声色地跟一起吃饭的主任边吃边聊："我们来做一个行不行？"体改办的主任听后连声说好，但却表明时间上可能来不及。

嗅到商机的潘石屹马上将这个消息告诉了上司，并且很快将这一决策落实到位。最终，北京万通在什么准备都没做

第三章　扬长避短，让敏感成为你的职业优势

的情况下，拿到了8个亿的现金融资。时至今日，万通的实力越发壮大。

在生活中，很多人都对"敏感"二字避之不及，他们没有看到敏感的另一面：正是有了处事的敏感，才能灵敏地察觉上级的"旨意"。若是迟钝之人，即使机会放在他的眼前，他也会视而不见，而让机会白白地流走。

敏锐的人能够变废为宝。美国麦考尔公司董事长的儿子是远近闻名的铜器大商，他所经营的铜器在美国家喻户晓。

有一次，美国政府在翻新全国的"自由女神"像的过程中，产生了许多废料。为了清理这些废料，便在全国广泛招标。由于招标费太贵，好几个月都没有公司来应标。当时小麦考尔正在外面旅行，听说了这件事之后，立马赶回了纽约，看到堆积如山的废料后，当即签字买了下来。

这一行为在当时遭到了很多人的讥笑，很多商人都在暗地里嘲讽小麦考尔"干了一件非常愚蠢的事情"，并且都等着看他卖不掉而出丑的样子。

结果，小麦考尔将废料进行了再处理，将其熔化，然后铸成了小"自由女神"像。他还把那些水泥块和木头重新加工成了底座，把废铅做成了纽约广场的钥匙，就连小小的灰尘也卖给了花店。经过一番用心经营之后，原本不值钱的废料竟然获得了350万美元的收益，使得原来并不看好小麦考

收起你的玻璃心，碎给谁看

尔的人对其刮目相看。

无论从事什么职业：商人也好，上班族也罢，都应时刻保持自己的"敏感性"。当然，我们这里所说的"敏感性"并不是说让你凡事太过敏感，保持多疑的性子，而是说对于事情要保持灵敏的反应，这样才能在遇到任何事情时都能察觉到有利的时机。

8. 成不了精英不要紧，用心做自己就好

随着社会节奏的加快，人们为了获得更好的生活，不断地强迫自己变成精英，想要在工作上取得成就，想要在生活中幸福美满，想要在事业上飞黄腾达……因此生活压力越来越大。

所谓精英就是精华的意思。简单来说，就是在某个领域非常优秀的人士。比如说，《我的前半生》中的唐晶身上就有着浓浓的精英范儿。我们从小接受的教育教导我们长大后要成为精英，并且要一直朝着这个目标不断努力。

当玻璃心的人发现自己不如别人优秀时，就会产生压力、焦虑和自我怀疑，甚至陷入自我厌弃的心理怪圈中。

比如说，跑步是生活中非常常见的一项运动，立志成为

第三章 扬长避短，让敏感成为你的职业优势

精英的人，就会要求自己像奥运长跑冠军王军霞一样，成为长跑冠军。但在生活中，这仅仅是有益身心的一项锻炼而已。其实，我们并不需要对自己如此苛求，而只要做好自己即可。

村上春树曾经在《当我谈跑步时，我谈些什么》一书中对于自己跑步这件事是这样描述的："跑步对我来说，不独是有益的体育锻炼，还是有效的隐喻。我每日一面跑步，或者说一面积累参赛经验，一面将目标的横杆一点点提高，通过超越这高度来提高自己，至少是立志提高自己，并为之日日付出努力。我固然不是了不起的跑步者，而是处于极为平凡的——毋宁说是凡庸的——水准，可这个问题不重要，我超越了昨天的自己，哪怕是一丁点，才更为重要。在长跑中，如果说有什么必须战胜的对手，那就是过去的自己。"

清醒地知道自己需要什么，不屈服于诱惑，不被压力所压垮。心理学家克里斯托弗·安德烈曾这样说："如果要构筑起充满意义的生命，那么就需要有过人的精力、坚韧和信心。"

当我们在生活中不去刻意苛求自己，只是用心做好每一件事情的时候，就会发现你已经绽放了自己的光彩。

在我们的印象中，电影节的奖项通常都是颁发给演员、导演或者与演绎事业有关的人。但是第 37 届香港电影金像

收起你的玻璃心，碎给谁看

奖之专业精神奖却爆了一个冷门，颁发给了一名名为"莲姐"的普通人。

很多人听到这个名字，不禁会疑惑：这是谁？其实她并不是什么明星大腕儿，而只是一名在剧组30年如一日默默无闻地做茶水工作的普通人。她每天的工作就是在电影拍摄期间给工作人员端茶递水、递面巾等。而这种低端、无趣的工作，她一做就是30年，并且兢兢业业。

她的职业并不起眼，但这并不意味着不重要。某电影工作人员曾经说过："当你在大热天拍摄外景，大汗淋漓、心烦气躁时，如果有人给你递上了一杯冰水或者是一块冰凉的毛巾，那么真的是舒服无比。所以说，茶水工与每一个工作人员一样，都在自己的领域中发挥着重要作用。"

所以，将专业精神奖颁给莲姐，实至名归。当她上台领奖时，无论在场的是著名导演还是大牌明星，全都起立将掌声送给了她，向她表示认可和敬意。

而很多玻璃心的人常常会因为自己的工作普通而感到自卑，或者因为别人的议论而试图改变自己。其实，工作不分大小，也不分贵贱高低，我们不需要去羡慕那些功成名就之人。我们只需认真踏实地工作，将工作做到极致就足够了，到最后你会发现，当你将自己喜欢的事情做到极致之后，即使你的工作再普通，也能够获得大家的认可和喝彩，从而收

第三章　扬长避短，让敏感成为你的职业优势

获不一样的人生。

2018年，董卿主持的综艺节目——《中国诗词大会》一炮走红。第三季播出时，让人惊讶的是冠军获得者竟然是一名外卖小哥。众所周知，送外卖是一件非常辛苦的事，外卖小哥都是风里来雨里去，而越是雨雪天气，点外卖的用户就越多，为了多赚一点儿钱，外卖小哥都是风雨兼程，并时刻跟时间和速度赛跑。

作为参赛选手的这位外卖小哥也同样如此，但即使是在如此艰苦的工作环境之下，他也没有放弃自己的爱好。他总是在业余时间背诵自己喜欢的诗词，即便这些诗词和他的工作没有一点儿联系。每当在外卖送到的时间里背会了一首诗，他就会感觉特别高兴。

也许，外卖这一职业与人们印象中的精英有着很大的差距，但因为把自己喜欢的事情做到了极致，外卖小哥最终站在了诗词大会的舞台上，并且最终赢得了冠军。他曾经说过："其实我能站在这个舞台上，就已经取得了非常大的进步，虽然我夺冠的可能性很小，但我仍然会付出100%的努力。"

在决赛与选手对决时，他所表现出来的沉着冷静赢得了所有人的赞叹和钦佩。董卿是这样评价他的："你所有在日晒雨淋，在风吹雨打当中的奔波和辛苦，你所有偷偷地躲在

收起你的玻璃心，碎给谁看

书店背下的诗句，在这一刻都绽放出了格外夺目的光彩。"

没错，无论我们的职业多么普通，都没有必要去羡慕别人的优秀，用心地做自己就好，不要被精英的枷锁所束缚。当你想方设法解决了生活中的一个又一个的难题时，你就会收获属于自己的精彩。

虽然精英的生活从表面看上去非常让人羡慕，但他们并不一定能够获得大多数人的认可。毕竟在现代社会中，人们都不太喜欢过于完美，而是喜欢和稍微有着小缺点的人来往，以此来获得安全感。

如果你一味地强迫自己成为精英，而忽视了自己的本职工作和喜好。那么，即使成为了一个"高处不胜寒"的精英，你生活得也不会幸福快乐。

9. 无视别人的眼光，把精力投入到自己擅长的事上

在生活中，当你做一件事情时，总会有来自四面八方的声音干扰你。而玻璃心的人因为神经系统敏感而强大，就格外容易受别人言论的影响。

有一画家，非常擅长画山水风景图。有一次，他耗尽心力画了一幅山水图，意境悠远，格调雅致。为了使图画更加

第三章 扬长避短，让敏感成为你的职业优势

完美，他还特意在留白处题了一首诗。

等到画作制作完成之后，画家便邀请朋友一起来欣赏，并且让他们尽情地提意见，以便于自己取长补短，让作品尽善尽美。

朋友们看到画作之后，纷纷赞叹画家的画画技巧又提升了。其中一个朋友指着留白处的诗夸赞道："哎呀，这个字写得真是太好了，笔锋犀利，有大家之风。"并且问画家这个字是谁写的，如果有机会一定要向他请教。

其他人一看，果然如此，然后就将注意力都转移到了字上。等弄清楚是画家写的之后，朋友们赞叹一番后，纷纷说道："相比起画画，你的字写得好多了，而且现在书法更受欢迎，我看你还是放弃画画，去写书法吧。"

甚至在以后的日子里，朋友们一直劝说画家：如果放弃画画，转而去写书法，你肯定可以取得更高的成就。而画家是个玻璃心的人，担心拒绝朋友的建议会让他们失望、生气，于是慢慢地转移了自己的创作重点，之后却再也没有什么惊艳之作。

玻璃心的人总是会因为别人的意见而改变自己。这其实涉及一种从众心理，人们的内心总是渴望能够和他人步调一致。但是如果太在意别人的目光和意见，就很容易失去自我。因为他们相信别人超过了相信自己。当别人否定他们的

收起你的玻璃心，碎给谁看

时候，他们就会因为别人的话而否定、改变自己。

"当你活在别人的眼睛和嘴巴里的时候，你永远会觉得自己很糟糕。"这几乎是很多玻璃心的人的共同感受。玻璃心的人往往都十分在意别人对自己的看法。比如说，当你认为自己的穿着非常好看，而别人却吐槽你衣服太土气，没品位时，你就立马改变穿衣风格；当别人说你太抠门时，你就立刻请人吃饭，去KTV唱歌；当别人认为你现在的职业并不适合你时，你就立马考虑要不要换工作……

然而，生活中每个人都是不同的。正所谓，一千个读者就会有一千个哈姆雷特，也许他们认为你穿着土气，但另一些人又会觉得你穿着新潮。难道你要因为别人的看法而随时改变自己吗？在古代，于君王而言最忌讳的就是朝令夕改，这个道理同样适用于当今的社会，那些因为别人的几句话就改变自己的人，同样也要为自己的随波逐流付出代价。

不去在意别人的目光，把精力投入到自己擅长的事情上，是很多人成功的秘诀。百度董事长兼首席执行官李彦宏在参加《鲁豫有约》，谈到自己成功的秘诀时，也如此说道。

百度无疑是国内首屈一指的搜索引擎，每年的盈利可见一斑。仔细研究，我们可以发现，百度所有的业务都是在自己擅长的领域，而不是一味地泛泛拓展自己并不擅长的业务。比如，在百度上市时，不断有人劝李彦宏："网络游戏

第三章 扬长避短，让敏感成为你的职业优势

非常赚钱，现在你已经有钱了，更应该涉足网络游戏，多个赚钱的业务。"

在那个时候，国内的网游已经非常火爆，很多互联网公司都将业务拓展到了网游运营领域。但是李彦宏拒绝了，理由很简单：百度并不擅长游戏。放弃自己擅长的，去做自己不擅长的事情，而且在这个不擅长的领域还有很多比你优秀的竞争对手，这就很难在这个领域独领风骚。

一个人的精力是有限的，如果将过多的精力浪费在不擅长的事情上，那么你在擅长的事情上投入的精力无疑会减少。况且，如果一个人想要在自己不擅长的领域取得和别人相同的成就，那么必然会浪费更多的精力。仅仅因为别人的看法就将自己置于举步维艰的境地，无疑是非常不聪明的做法。

一个能力非常突出的姑娘去面试一份设计工作。她之前从事的是文字工作，而且文字功底非常深厚，甚至单独完成过很多大型活动的策划方案，而并没有设计经验。

面试官看完简历上的工作经验介绍之后，奇怪地问道："我们招聘的是美工设计，你之前从事的都是文字工作，怎么会想要来面试呢？"

女孩自信地说道："我身边的朋友都说，现在设计的发展前景越来越好，文案已经在走下坡路了。同时，我也想多

学习一个技能,所以就来这里面试了。我相信我能胜任这份工作。"

"很抱歉,我们这里是公司,不是学校,我们现在需要的是一个能够独立并且熟练地完成工作的人,我想你并不适合。"

比尔·盖茨和巴菲特聚会时,比尔·盖茨的爸爸曾经让两个人写下"对你们帮助最大的一个词",两个人都写下了"专注"一词。专注地做一件事,更容易取得成功。但是这个专注的前提是:这件事情是你所擅长的。比如说,比尔·盖茨十分擅长电脑编程,如果他专注于写作事业,恐怕既成不了世界首富,也成不了下一个大仲马。

玻璃心的人想要成功,就不能因为别人的三言两语就改变自己的行为和决定。并且他们应该将自己的精力投入到自己擅长的领域,坚持不懈地做下去,以期能够取得预期的成就。

第四章

善共情,用适当的敏感力打造舒服的人际关系

第四章　善共情，用适当的敏感力打造舒服的人际关系

1. 因为性格敏感，所以会特别记得别人的好

很多人在听到一个人性格敏感时，就会自动对这个人进行定位：无理取闹、任性、容易多想、很难相处、脆弱……因此，当人们听到某个人性格敏感时，做的第一件事情就是远离他。

这实际上是对敏感的一种误解。玻璃心的人，因为更容易感受到别人的情绪，所以才会比一般人想得更多。他们能够听懂别人委婉语气中没有说出口的拒绝，也能够感受到别人没有显露出来的用心。这并不意味着他们就脆弱、不好相处。

与之相反，正因为性格敏感，他们才更容易被感动，并记住别人的好。

徐珊有一个朋友，两人之间的相处颇有些"君子之交淡如水"的感觉。两人虽是初中同学，但来往得并不频繁。因为朋友的性格有些敏感、内向，所以徐珊并不是很喜欢这个

收起你的玻璃心，碎给谁看

朋友。

但是两个人有一个共同的爱好：喜欢看话剧，所以当得知《如梦之梦》要在两人居住的城市上映时，两人便约好一同去看。

由于长时间不见面，徐珊觉着空手去不太好。她想起对方十分喜欢王菲的歌，还经常在微博上转发一些关于王菲的消息，于是就买了一张王菲的CD当做礼物。刚见面时，两个人之间还有点儿生疏，对方看起来面无表情，甚至还有些冷漠和麻木，但当看到徐珊带的礼物之后对方就显得非常激动，并且表示有些内疚，自己竟然没有给朋友带礼物。

看完话剧之后，徐珊看到朋友将礼物分享在了朋友圈，并且配上了一行字："看了想看的话剧，收到了最好的礼物。"因为性格比较敏感，所以像徐珊的朋友这样的人特别容易记得别人对她的好。

虽然玻璃心的经常容易将别人的情绪放大，但同时因为心思细腻，他们也很容易将别人对他们的善意放在心上。也许他们经常会在一些事情上胡思乱想，但是我们真的没有必要担心他们会忘恩负义。

农夫与蛇的故事在生活中并不少见，农夫救了一条冻僵的蛇，却被蛇反过来咬了一口。在生活中，也会有很多人在接受了别人的帮助之后，当下会对对方感激涕零，但时过境迁，等对方需要他帮助时，他却不念过往，置往日情谊于不

第四章 善共情，用适当的敏感力打造舒服的人际关系

顾，想方设法拒绝对方。

而玻璃心的人恰好相反，他们因为喜欢多想，所以在得到别人帮助时，首先想到的是：别人帮助了我，如果我忘记了，别人会不会生气？会不会认为我是一个不值得交往的人？因此，他们往往会将别人的帮助铭记于心，并且表达自己的感激之情。也许频繁地表达会让别人认为他们太过于敏感、做作，但这却是他们内心对别人善意的感激之情的真实流露。

记住别人对自己的帮助，成为知恩图报的人，对于发展个人的人际关系有着很大的帮助。毕竟，生活中没有哪个人喜欢"忘恩负义"的人。

李强是一家互联网公司的项目小组组长，工作能力非常强，他写的程序每年都能给公司创造巨额利润。但他通常都是一心钻研代码，很少与人交流。虽然李强工作能力很强，但是在同事眼里，他却是一个很少说话，比较内向的人。

但让人奇怪的是，李强与老板的关系很好，即便很多公司出高价请他，他也不为所动。有一次，他们小组聚会，有同事提到这个问题："组长，老板没有特殊对待你，也没有给你升职，为什么别的公司出那么高的价钱挖你，你都没有走呢？"

李强沉默了一会儿，说道："我刚毕业实习时，发现学校学到的很多东西根本用不到，工作中很多东西都不懂。那

时候，虽然公司还不大，但每个人的岗位都很重要，我工作经验不足，公司老板对我不满意，打算辞退我重新招个能胜任工作的人。而现在的老板就是那个时候带我的师父，他帮我向当时的老板求了情，希望再给我一个月的时间，他保证将我带出来。之后，他教授了我很多工作上的技巧，并且一丝不苟地教我怎么写代码。再后来，这位带我的师父自己组建了公司，我便加入了他的团队，做人不能忘本呀。"

当你真正了解了一个玻璃心的人后，就会发现，其实敏感的人并没有我们想象的那么可怕。他们可能只是因为对于很多事情都比较谨慎，所以做事情时才会显得优柔寡断，在做每件事情时，他们都会考虑这件事情可能带来的后果。相对于忘恩负义带来的一系列不良后果，下意识地选择心存感恩会为他们未来的人际关系发展奠定良好的基础。

因此，在生活中我们无需抗拒敏感，只有学着正视敏感并正确地运用它，不过分怀疑任何事情，才能够让别人发现你柔软的内心。

2. 敏感的人，更会照顾别人的感受

相对于一个事事给人难堪，只顾自己感受的人，那些会照顾别人感受的人在人际关系中更受欢迎。玻璃心的人时常

第四章 善共情，用适当的敏感力打造舒服的人际关系

会给人留下脆弱、爱哭、喜欢胡思乱想等不好的印象。但是他们身上也有很多过人之处。

心理学家研究发现：越是玻璃心的人，就越容易受到公司的重视。因为随着科技的发展，许多工作都趋向于智能化、自动化，那些从事机械、重复性工作的员工就会逐渐被淘汰。而那些有着敏锐直觉、创造力和同情心的员工的优势就显得尤为突出。他们在工作上的优势不会被技术所取代，并且优势越突出，他们的可替代性就越小。

因为发达的神经系统，高玻璃心的人能够非常敏锐地感知他人的情绪。这对于公司团队的发展非常有利。比如，当你在团队中需要和同事共同完成一个项目时，因为某些分歧产生了矛盾。如果其中一个性格比较迟钝，没有及时发现，就会使矛盾不断积压，并逐渐变得不可调和。而当矛盾到达一个临界点时，就会爆发出来，造成不可挽回的后果。

如果对方是一个特别敏感的人，就能够在第一时间发现另一方情绪不对，并且委婉地和对方沟通，那么小矛盾就会被及时解决。如果一个团队成员之间存在矛盾，那么这个团队就像一个不定时炸弹一样，随时都有爆炸的可能，从而使团队的努力功亏一篑。

某公司接到一个大项目后，为了让项目能够按时完成，就选取了能力比较强的员工组建了一个新的团队，而沈悦因为精通设计，也被选在其中。另外，沈悦容貌姣好，一直是

收起你的玻璃心，碎给谁看

公司同事眼中的"女神"，因此周围也不时地吹来几股羡慕、嫉妒、恨的冰冷气息，这导致沈悦和同事之间的关系一直淡淡的。

有一次他们要做一个方案给客户，对于方案来讲，设计和文案的配合非常重要。而做方案那天，负责文案的同事恰好身体有些不舒服，但设计又着急要文案。看文案内容久久没有发给自己，沈悦便有些不高兴：这不是耽误自己的工作吗？

于是沈悦找到了文案负责人，生气地问道："怎么这么长时间还没有将东西发过来，我等着做呢，耽误了进度你负得了责任吗？"

本来因为身体不舒服而心情不好的同事，听到沈悦的话后，更是气得七窍生烟，便没有好气地回了几句，于是两人便吵了起来。

在这件事中，如果沈悦能够在责问同事之前了解同事身体不舒服的情况，并安慰对方，而不是先气冲冲地责问对方，那么这场争吵便可避免。事实上，高度敏感的人如果能够控制自己的情绪，那么将非常有助于沟通。他们对情绪的体验十分强烈，并且能够轻易识别对话之人的情绪和肢体语言，从而照顾对方的感受。

玻璃心的人很容易被某些不走心的举动伤到，所以他们能深刻理解这种心碎的滋味，因此，在与别人相处的时候，他们会更加小心翼翼地对待别人，照顾别人的感受，尽量不

第四章 善共情，用适当的敏感力打造舒服的人际关系

让别人失望。他们的这种敏感，在朋友、亲人、爱人、同事等的相处中都有所体现。

林敏性格天生就有些敏感内向，在与朋友相处时，总是倾向于做倾听的一方，而说话的次数可谓是屈指可数。朋友们看林敏是这样的性子，在彼此之间开玩笑时，总是小心翼翼，怕玩笑开得太过火。

最近林敏的一个朋友小柔与她却亲近起来。原来不久前小柔和男朋友分手了，朋友们在知道后纷纷去劝慰她。有的朋友肆无忌惮地说："当初就劝你不要和他好，一看就不是什么好人，现在受伤了，知道后悔了吧。"

还有的朋友不解风情地说："可不，当初你俩好的时候，我就觉得他花心，现在果然劈腿了。"

……

朋友们越说，小柔的心中越难受。而这个时候，林敏轻声安慰道："虽然事情很让你伤心，但是为了一个渣男哭坏了身体就不值当了。现在可以好好哭一哭，哭过之后就打起精神来吧。我们小柔这么漂亮，有的是人追。"一番话说得小柔心中不觉有了几分温暖。

事后，小柔对林敏说："那天，朋友们虽然是安慰我，但是话说得不免让我觉得有些刺耳，他们不是在说我眼瞎吗？唉，还是敏敏你会安慰人。"

生活中，当你能够照顾别人感受的时候，很多冲突、矛

盾便都有可能被扼杀于摇篮中了。比如,当和别人吵架的时候,你想方设法用脏话去骂对方,如果换位思考一下,被骂的人是你,你的心中是何感受?你还会继续这样做吗?

玻璃心的人对于别人的际遇往往能够感同身受,所以在与人相处的时候,经常会下意识地去照顾别人的感受,不让他们陷入尴尬的境地。

因此,如果你是一个玻璃心的人,那么你完全可以坦然地面对一切,而不必时刻谨小慎微,你可以试着将你的"敏感"优势发挥在人际交往中,在学会换位思考,照顾别人感受的同时,收获好人缘。

3. 敏感的人擅长读心术——通过细节判断对方心理

自古以来,人们都常说人心难测,因此还衍生出"读心术"一词,"读心术"在人们眼中是一项非常神秘的本领。百科对于"读心术"的解释是"握住人的手,根据其无意识的活动所引起的反应来探测其物品隐藏的地方的一种技术"。简单地说,其实就是根据对方的某些行为细节,来判断其心理活动,并且根据这些心理活动给出正确的反应。

想要练就"读心术",首先就得学会观察对方。这对于玻璃心的人而言,简直是游刃有余。很多敏感者都是心思细

第四章 善共情，用适当的敏感力打造舒服的人际关系

腻之人，在社交场合，他们很善于观察别人，并感知他们的情绪。

比如，敏感、爱观察的人仅从握手这种生活中很常见的社交礼仪上就能够洞悉对方的心理。美国著名女作家海伦·凯勒曾经说过："有的人握手能拒人千里……我握着他们冷冰冰的指头，就像和凛冽的北风握手一样。也有些人的手充满阳光，握着他们的手，感觉温暖。"专家研究表明，握手可以透露一个人多方面的信息。

黄萌是某公司的职员，在约谈客户时，黄萌最具有代表性的动作就是一见面便和对方握手问好。她向来心思细腻，她就经常从握手这一细节入手，不断调整自己的销售策略。

有一次，黄萌约见一位女客户，两人见面时，黄萌便和对方握手以示礼貌和友好。但对方只是轻轻一触，便把手拿开了。黄萌由此便得知，虽然女客户打扮得漂亮利落，但性格却很内向，通过握手这一细节了解客户性格特征之后，她便知道接下来如何沟通才能让对方觉得舒适而不拘谨。因此，黄萌在交谈的时候，便压低了声音，先从彼此的爱好说起，等到对方放松下来，才开始谈合作的事情。

还有一次，黄萌在与一位客户握手时，对方手握得很近，但仅仅握了一下就马上松开了。黄萌由此意识到，这位客户虽然表面上看起来很好相处，但他的内心很多疑，不会轻易相信别人说的话。所以，在交谈一开始，黄萌便将合作

收起你的玻璃心，碎给谁看

之后的益处和客户说得很清楚。待双方的利益达到一致时，才签订了合约。

其实，在很多时候，人们的一举一动都能透露出很多信息。比如说，在与人交谈时，如果对方频繁看手表，那么说明对方在委婉地提醒你该结束对话了。或者说你去朋友家做客，对方频频看表或者端茶，也是在委婉地提醒你，该告辞了……我们常说"细节决定成败"，这句话同样适用于人际关系。

众所周知，人际关系在职场上尤为重要。与上司、下属、同事、合作伙伴之间的相处是否融洽，是除了个人能力之外衡量一个人能否取得成就的重要因素。如果你能够敏锐地感知同事们的情绪，并且及时地调整和他们相处的方式，那么你就能够和他们愉快地相处。即如果你能够通过一些细节来洞悉别人的心理活动，那么，你就可以在人际关系中灵活地调整交往策略。

办公桌是一个将公司职员隐私公之于众的地方，可以说，我们每天有将近一半的时间是在办公桌旁度过的。因此，一个细心观察的人仅凭办公桌的物品的摆放就能够洞悉很多员工的小秘密。

林岚在同事们眼中一向是比较冷傲的人，因此同事都不喜欢和她相处。但奇怪的是，公司里比较内向的白荷却成了她的好朋友。无论从哪方面看，两个人也没有成为朋友的共同特征。

第四章 善共情,用适当的敏感力打造舒服的人际关系

有人奇怪地问白荷,你是怎么忍受林岚的冷言冷语的呢?

白荷笑着说道:"其实林岚人很好,只是大家对她缺少了解而已。如果真正地了解了她,就会发现,林岚很好相处。"

其实,一开始,白荷对林岚的冷淡也是退避三舍,但心思细腻的她渐渐发现,平时林岚的办公桌上,文件摆放得非常整齐,而且经常能够看到一些小玩具或者小饰物。有一次,白荷在林岚的桌子上看到一个非常漂亮的饰物灯,灯上还印着白荷喜欢的动漫人物,这是白荷一直努力寻找,但却没有得到的。

白荷从桌子上的物件摆放发现,林岚其实并不像她表面看起来那么冷傲,她只是比较内向、不太善于交际而已。于是白荷摒除内心的顾虑,去找林岚说话,顺便提出借动漫灯看一下。后来,随着两人来往增多,白荷发现她们共同话题还挺多,久而久之便成了无话不说的好朋友。

现实生活中,很多人都不喜欢被贴上"敏感""玻璃心"的标签。从严格意义上讲,其实这两个词并不是大家印象中的贬义词。古往今来,那些会"读心术"的人,往往都是心思细腻之人,能够从平常之中发现别人所不能发现的东西。如果能够将敏感的特质正确运用,不但不会招致别人的厌恶,反而能够创造良好的人际关系。甚至在男女感情中,也能够凭借敏感这一特质,根据对方的小动作来洞悉其心

理，从而调整和对方的相处方式。

谈恋爱的时候，女孩子一个无意间的小动作，就能够透露出大量的信息。甚至，通过这些小动作，你就能清楚她是否倾心于你。而且通过这些小动作还可以洞悉一个人的性格，从而判断两个人是否合适。

比如说，当你在约会时，对面的女孩子左顾右盼就是不敢直视你。这说明她的内心是焦虑、无助、紧张的，她对你非常重视，同时她又非常需要一个能够给她带来安全感的人。当你察觉到她的想法之后，不妨表现得坚定一点，甚至可以说有责任感一点，这样就能够获得对方的信赖。

凡事都具有两面性，我们不能以偏概全。玻璃心的人虽然有时候比较脆弱、喜欢胡思乱想。但当他们克服了这些缺点之后，会有别人无可比拟的优势。所以，玻璃心的人没必要每天自怨自艾，将自己困囿于自己的小天地中。你们应该想办法克服自身的劣势，发挥自身的优势，从而在生活和工作中扬长避短，取得更高的成就。

4. 注意这些细节，让人觉得和你相处很舒适

有人认为，敏感就等同于矫情。这其实是一种谬论。在注意细节这方面，玻璃心的人当属佼佼者。也正是因为如

第四章 善共情，用适当的敏感力打造舒服的人际关系

此，他们发达的神经系统才会使他们喜爱胡思乱想。当敏感者控制好自己的情绪之后，展现出来的高情商，着实让人佩服。在人际关系中，若想要让别人觉得和你相处很舒适，首先你要注意细节，从而让对方认为你是一个可交之人。

在娱乐圈中，何炅是公认的人缘好、情商高的人。他非常重视粉丝的感受，当他的微博粉丝突破一亿之后，他特地发了一条微博来感谢粉丝们的支持。当粉丝看到微博之后，心里非常感动，更喜欢何老师了，这种从细微之处出发的良好互动大大提升了何炅在粉丝心目中的形象。

除此之外，在与人相处时，何老师也能够注意到被别人忽视的细节。何炅参与的《向往的生活》一直是湖南卫视的热播综艺节目，受到无数观众的喜爱。其中一期节目邀请的嘉宾是金龟子和几位青年偶像。节目如火如荼地拍摄起来，一直拍摄到第二天中午，当大家都在吃饭时，忽然下起了雨，于是大家只能先停下来，去收拾农作物，之后再继续吃饭。这个时候，何炅发现几位摄像的大哥不仅没有吃饭，而且还在外面淋着雨继续拍摄，于是何老师说道："大家进廊里拍吧。"就这样，摄像师们避免了淋雨之苦。之后他们还给摄像师们准备了一大盆美味的炸酱面，让他们饱餐一顿后才继续拍摄工作。

一个小小的细节，便能够让对方感受到如沐春风般的关怀，给对方留下深刻的印象。一个好印象，是人们获得友谊

收起你的玻璃心，碎给谁看

的基础，一个让人感觉到温暖、舒适的人，是大家都难以抗拒的。而这种令人温暖、舒适的关怀并不是体现在某些大的方面，而是体现在那些看起来微不足道的小细节上。

蔡康永曾在《痛快日记》中写的他父亲待人接物的一些细节，很是让人有所感触："爸讲的笑话，百分之九十是在请客的饭桌上讲的。爸每次请客，要决定菜单时，总会对我们小孩解释两句：'这家的蹄筋都是皮，不要点''六个客人吃这条鱼太大了''点虾要点完整的，别点剁碎的，可能不鲜'……"

这些事，看起来虽小，却能够让身边的人感觉到几分温暖与舒适。蔡父的这些行为深刻地影响了蔡康永。

《奇葩说》是一档非常受欢迎的综艺节目，蔡康永是其中的导师之一。在看节目时，我们可以发现，不论是哪位选手在辩论，哪怕他的辩论观点并不足以让人信服甚至导师都不知其所云。蔡康永也不会在对方说到一半的时候就将其打断，而且他永远都是听得最认真的那一位。即使在全场因为选手的论点陷入尴尬之中时，他依然面带微笑，认真地听选手讲话。不仅如此，在主持其他节目时，我们也都能够感受到蔡康永从细微之处对他人的关怀。

同样，微笑的力量有时候也是非常强大的。它能够在人们陷入困境时给予鼓舞和温暖。而且，微笑在很多交往技巧当中算是最简单的一种，只需嘴角微微上翘而已，人们轻而

第四章 善共情，用适当的敏感力打造舒服的人际关系

易举就可以做到，但很多时候人们却忽略了这一细节。

很多玻璃心的人，在与人交往时都是未语先笑。因为他们察觉到微笑是保护他们的武器。正所谓"伸手不打笑脸人"，因为内心敏感，他们试图将自己脆弱的内心包裹在微笑之下，这不仅可以让别人觉得舒服，认为自己是一个很好相处的人，而且有时候还可以收获同样友好的微笑。

当然，这只是交往的细节之一。让人觉得和你相处起来舒适，说起来简单，但是做起来并不容易。能够最快拉近人与人之间距离的就是交谈，而且在生活中，聊天是人们交往中最常见的沟通方式。

如果你能够营造一个让别人觉得舒服的聊天环境，那么，你就能够迅速获得对方的好感。相反，如果你因为没有注意到某些细节，而让对方觉得尴尬，那么，对方可能怀疑你为人处世的能力，从而拒你于千里之外。

有一个性格开朗的朋友常常抱怨自己和同事的关系不好，同事们对她很冷淡。问她原因，她也说不出个究竟。她还补充说："每次碰到同事时，我都会和他们打招呼。但是，他们每次都是一副尴尬的模样。"

听到她的倾诉之后，我们出于好奇纷纷问她是怎么打招呼的。

她苦恼地说道："有一次，在中午吃完饭去洗手间时，正好碰到了关系还不错的同事，我问她'吃了吗？'，这不是

> 收起你的玻璃心，碎给谁看

我们中国人最常见的问候语吗？结果同事听了之后摇了摇头，一脸尴尬地走了。"

虽然被问候了，但同事并没有感觉到自己被尊重。在这种地方以这样的方式打招呼，确实让人无法回答。打招呼虽然是向别人示好，但如果不注意细节就会适得其反。

在很多时候，问候对方是基本的礼貌，比如在早上遇到时，说一句"早上好"来开始新的一天的交际。晚上下班时，说一句"明天见"，以表达和对方再次见面的期待。

而玻璃心的人，在人际交往时，就能够注意到这些小细节，避免尴尬局面的出现。因为他们情绪更为敏感，可以感知到自己对对方的影响，希望彼此之间相处得舒适。要想获得好人缘，我们就要在和别人相处时多观察并注意细节，让别人觉得轻松、舒适。

5. 敏感的人从不轻易给别人添麻烦

"某某，请你帮我统计一下这份报表吧。"

"我还有半个小时才能到，你们等我一下。"

"你做的这些菜我不喜欢吃，我喜欢吃这几个，你重新做一些吧。"

……

第四章 善共情，用适当的敏感力打造舒服的人际关系

在生活中，像这样麻烦别人的现象，我们经常能看到。有很多人把给别人添麻烦当成理所当然。所谓的"添麻烦"，就是因为自己个人的事情而没有眼色地去打扰别人的生活，让别人很烦恼。

林晓工作了一年，想趁着放假出去旅游放松一下。结果，却因为一些不自觉的人让旅途变得非常不愉快。为了方便，林晓报了一个旅游团。因为到机场的时间比较早，所以导游给了旅客两个小时的自由活动时间，两个小时之后要求旅客回来集合，以免耽误登机时间。

旅客们听了之后很高兴，原地解散去游玩了。等到了约定时间，大部分人都回来了，但导游点名之后却发现，还有两个女孩没回来。于是他立马给那两个女孩打电话，但对方就是不接，即使好不容易打通了，对方也是敷衍地说："马上就回来，等一下又怎么样嘛！"

半个小时过去了，两个人再不回来，飞机就要起飞了。就在众人等得不耐烦的时候，两个女孩慢慢悠悠地走回来了。不但脸上没有一丝的歉意，还抱怨导游时间安排得不合理，两个小时根本不够他们玩。

导游听了之后，顿时拉下了脸，很生气地对着她们两个喊了几句。两个女孩一脸无辜地说道："迟到本来就是女孩子的特权嘛，再说出来玩怎么也得逛个尽兴，那么较真做什么呀？"

收起你的玻璃心，碎给谁看

听着两人大言不惭地狡辩，大家更是生气，心想怎么会遇到这么两个把给别人添麻烦不当回事的人。在后来的旅途中，这两个人仍理所当然地给大家添麻烦，使原本对旅途充满期待的旅客失去了游玩的兴致，他们是乘兴而去，败兴而归，而林晓就是这些游客之一。

社交，是人们生活中非常重要的一种关系。说简单也简单，它不过是人与人之间的联系和互动。但是说复杂也复杂，稍有不慎，就可能招致别人的厌恶。尤其是，一遇到事情就理所当然地去麻烦别人，这对于人际关系的处理是没有任何益处的。

很多时候，有一些粗心大意的人，在请求别人帮忙时，别人委婉拒绝了他们也听不出来。对方无奈，只好笑着答应，但他们还以为对方非常乐意帮助自己。以后有了事情之后，更加频繁地去麻烦别人。其实，这样的行为不单单是没有眼色这么简单，一旦当别人的耐心到达了极限之后，等待他的很可能就是关系破裂。

如果你比较敏感，那么，无论别人是高兴还是悲伤，你都能敏锐地感知到，并且能据此调整自己行事的方式。所以说，敏感并不是一件坏事儿。因此，如果你的性格有些敏感，那么你不必避它如蛇蝎。你要做的就是学会控制自己的情绪，利用敏感的特质为自己打造一个好的人际关系。

正在热播的《奇葩说》有一期辩论的主题是"不给别

第四章 善共情，用适当的敏感力打造舒服的人际关系

人添麻烦，是不是美德？"正方肯定了这个说法，而反方的辩论者却持有不同的意见。她说："现在的社会是由人情构成的社会，正是因为今天我麻烦你，明天你麻烦我，我们才能够成为彼此不分你我的一家人。"

在很多人的眼里，我请求你帮忙，是对你的重视，这其实也没有错。但是这有一个前提，那就是彼此之间是朋友或者亲人，不计较，当然也要有分寸。还有就是，长时间不联系，感情转淡，凭借一件小事帮忙，重新维系彼此之间的感情。但应该注意的是：请求对方是偶尔的情况，并且所请求之事是对方力所能及的，这样才能够达到让别人帮助你的目的。

有些人总认识不到这一点，他们经常给别人添麻烦，还不自知。尤其是在职场上，给别人添麻烦是最影响你人际关系的事情。例如，职场上最重要的就是工作效率，如果你的工作效率不高，做不出成绩，那么，你就会拖同组成员甚至是公司的后腿儿，而这就是潜意识地在给别人添麻烦。

赵凡最近很是苦恼，公司的裁员名单下来了，而其中就有他的名字。赵凡左思右想也没能想出自己到底是哪里出了问题。于是，他去找部门主管给自己讨个说法。

找到主管之后，赵凡也没有客气，他开门见山地问道："经理，我是哪里得罪你了吗？要不然公司怎么会辞退我啊？"

主管摇了摇头，说："没有啊，是按照公司正常程序来的。"

收起你的玻璃心，碎给谁看

赵凡听了，没好气地说道："我上班从不迟到早退，工作虽然不出彩，但也都能按时完成，也有业绩，怎么就把我辞退了？"

主管说道："小赵啊，咱们公司部门之间的竞争你也知道，向来激烈。虽说你不迟到早退，但是在每次分配工作之后，大家为了业绩都主动加班加点，而且在做完之后他们都会细致地核查好几遍，避免出现错误。但是你呢，不管工作做没做完，到点就下班，还说公司发多少工资，就干多少活。工作敷衍，错漏百出，为了修改你的错误，团队成员都浪费了多少时间。因为你拖进度，咱们部门每次都竞争不过别的部门。这样的员工，你说我还敢要吗？"

一番话说完，听得赵凡脸都红了，他不好意思再找借口了，立马收拾好东西离开了公司。

不给他人添麻烦，是一种美德，更是一种教养。玻璃心的人凡事不麻烦别人，并不是因为脆弱，而是出于对别人的尊重。没有人喜欢被勉强做事情，因此，当你察觉到别人拒绝的情绪时，应当及时停止求助的行为，以免伤害彼此之间的感情。因为敏感的特质，玻璃心的人更容易在职场上专注于自己的小天地而努力工作，因此也更容易做出成绩。

同样，在生活中玻璃心的人也不喜欢给别人添麻烦，他们凡事都会尽自己所能去完成。比如说，当舍友熟睡时，上下床动作轻一点；下飞机之前，主动将毯子折好；逛街时，

第四章 善共情，用适当的敏感力打造舒服的人际关系

主动将垃圾扔进垃圾桶；遛狗时，随手携带铲子和垃圾袋……生活中这些最常见，也最容易让人忽略的事情，最能考验一个人的品德，而这些对于玻璃心的人来说都是举手之劳。如果你不是一个玻璃心的人，那么你就要学着注意这些容易被忽视的小细节。

6. 敏感的人能察觉他人的需要，并及时伸出援手

某村子里有一个盲人，他每天晚上出去的时候手里都会提一盏灯。有一天，村子里来了个行僧，看到盲人手中的灯很是奇怪，便问道："施主，你既然看不见，为什么还要白白挑一盏灯呢？"

盲人说："天黑了，人们就和我一样看不见了，所以我才会点一盏灯。"

行僧恍然大悟："原来你是为了与人方便。"

盲人摇了摇头，说道："不，我是为了我自己。虽然我看不见，但是这盏灯却可以给别人照亮路，让别人看到我，就不会再撞到我了。"

在人际交往中，当别人遇到困难需要帮助时，若你能及时伸出援助之手，那么，等到他日你遇到了困难，别人也会帮助你。我们生活在复杂的社会中，谁也不敢保证自己能够

收起你的玻璃心，碎给谁看

独立解决所有的问题。今日你帮我，明日我帮你，在互相帮助中，才能够拉近彼此之间的关系。

美国著名作家阿尔伯特·哈伯德曾说："聪明人都明白这样一个道理：帮助自己的唯一方法，就是主动去帮助别人。"当你主动去帮助朋友后，那么你的朋友圈也会形成一个自发性帮助朋友的良性循环。

其实帮助别人并不是一件简单的事情。有时候，你的一番好意反而会让别人陷入难堪。而这就需要你有敏锐的感知力，用以判断在什么时候帮助对方才合适，以达到助人为乐的目的。

比如，之前在网络上一度很流行的一类视频，某些人组织起来给穷苦人家送一些生活用品，并请他们说一些感谢的话。这类视频刚发布到网上，就引发了争议。

其中有一个视频讲的是，几个年轻人拿着一些吃的，还有一床被子，来到了一户比较贫困的人家，他们一边讲解，还一边用手机录像。

女主人并不愿意收他们的东西，并且冷冰冰地请他们出去。

"大婶，我们真的是来帮助你的，我们是出于一片好心。"其中一个人笑着说道。

旁边的年轻人也是极力游说："大婶，只要你配合我们在手机面前说几句话，这些东西就都是你的了。你咋还不愿

第四章 善共情，用适当的敏感力打造舒服的人际关系

意呢？"

"我不需要，拿着你们的东西滚出我们家。"听到年轻人的话，大婶更愤怒了，直接将他们拿来的东西扔了出去。

帮助别人是一件好事，但是如果将帮助建立在优越和获益的基础上，那么，这不但不是雪中送炭，反而是将别人的脸面往地上踩。当你以敏锐的感知力察觉到别人需要帮助时，如果你以施舍的心态来帮助别人，那么，帮助就变了味道。

其实帮助别人并不是施舍。如果你高高在上、不可一世地去帮助别人，那么，他们不但不会接受，反而会在心中记恨你，认为你是在鄙视、嘲笑他们。所以说，在帮助别人时，一定要端正态度，并且选择合适的时机。

比如，当你看到同学生活困难，每天仅吃馒头、咸菜时，你要做的不是给对方一百块钱，让对方拿去吃饭，因为这样会伤对方的自尊心。而是应该尝试从其他方面互帮互助，在成为好朋友后，以隐蔽的方式来帮助他（她）。

恰当的帮助，是一种美德。如果你性格敏感，同时也宽厚、善良，那么这些特质能够帮助你在人际交往中更加受欢迎，有时候甚至能让你拥有意想不到的收获。

大商人陈玉书也有过微末之时，20世纪70代初，他带着家人刚到香港时，身上只有50港元。为了维持生计，他什么脏活累活都做过。即使是这样，他的生活依然没有什么改善。

有一次，他去医院时，正好看到一名瘦弱的女士正吃力

收起你的玻璃心，碎给谁看

地陪一个小男孩玩秋千。陈玉书心中不忍，于是便主动上前帮小男孩荡秋千，并陪着小男孩尽情地玩了一会儿。后来他才知道，这位女士原来是印尼驻香港领事馆某高官的夫人。

不久后，他的一位印尼华侨朋友在聊天时，无意中说到自己手头上有一大批急运印尼的货物在领事馆办理商业签证时遇到了麻烦。这时陈玉书便想到了那位相识不久的高官夫人。很快，高官夫人就让他的华侨朋友的货物拿到了签证，并且还给了他税率方面的优惠待遇。

华侨朋友大喜过望，送了陈玉书5万元美金作为酬金。借助这笔钱，陈玉书开创了自己的事业，并一步步成为香港著名的"景泰蓝大王"。

有些人在帮助别人时，总是怀有"知恩图报"的想法。并且在每次帮助别人之后，总会在对方耳边时时念起，其实这样的帮助已经失去了它的意义，不但不会受到受助者的感激，反而会引起他们厌烦。

帮助别人并不一定非要帮大忙。很多时候，在一些让对方为难的小事上伸出援助之手，更能体现出我们的情谊。

一名禅师在寺院里种了几株栀子花，花开时，洁白芬芳，香溢满园。

有一天，有人开口向禅师求花，说是要在自家也栽几株，禅师答应了，并亲自动手挑拣开得最鲜、花苞最多的几株，送到对方家里。很快，来求花的人就络绎不绝。

第四章 善共情，用适当的敏感力打造舒服的人际关系

小和尚不高兴了："平时也不见他们捐香火钱，现在却要把满园的花都拿走，这也太贪心了吧。"老和尚笑着说："别老惦记着村民们的香火钱了，那不重要，我们当初的满园花香，现在变成了他们的满村花香，这不比接受他们捐钱更令人感到愉快吗？"

玻璃心的人，往往对生活中的细节观察入微。因此，他们也更容易发现别人的困难之处。但同时，他们对别人的情绪也十分敏感。在帮助别人时，一旦察觉到对方的不满，就会及时停止。若能把握好敏感的度，玻璃心的人在人际关系方面可以说是无往不利。

如果你是一个玻璃心的人，那么你可以凭借自己的优势，在复杂的人际关系中如鱼得水。当然，如果你是一个性格大大咧咧的人，那么你也可以培养自己的敏感力，从而使自己在以后处理人际关系时游刃有余。

7. 看穿但不说穿，是对别人最大的善意

在聊天的时候，很多人都喜欢去拆穿别人，并为此洋洋得意，认为这是自己聪明之所在。甚至，有些人认为自己说穿，是为了让别人活得更明白，是在做好事。然而，这种行为在对方眼中却是最大的恶意。生活又不是"科学访谈"，

收起你的玻璃心，碎给谁看

何必事事都去寻求真相。有时候，看穿了但不说穿，反而会让别人对你心存感激。

现在，很多人都喜欢用微信聊天。有一次，某个微信群里有一个人发了一个段子，正当大家嘻嘻哈哈讨论得热火朝天的时候，李倩忽然冒出来说："哎呀，这都是好几年前的段子了，现在怎么还有人发啊，你们还笑得这么开心，真是落伍了。"

顿时，群里变得鸦雀无声，再也没人接话了。

还有一次，群里有一个长辈转发了几篇养生类的文章，虽然有些是谣言，但是他转发的初衷，无非是想表达对亲人的关切，提醒大家注意可能遇到的危险。

然而李倩在看到之后，就在下面一本正经地回复："这条消息是假的，早就有人发过了，并且已经辟谣了，以后不要再发这种东西了。"

李倩的行为弄得大家都尴尬不已，那位长辈更是被说得下不来台。

有些事情，心中明白即可，我们没有必要讲出来。我们常说"难得糊涂"，如果你看穿了什么事情，只为了一时的痛快就不顾及对方的心情，大大咧咧地说出来，那么，在聊天的时候，这样的行为很容易把天聊死，并且你也很难受到别人欢迎。

很多时候，大家对于一些事情，都抱有善意并且形成了

第四章　善共情，用适当的敏感力打造舒服的人际关系

一种默契，即使看破也不说破。而偏偏你说破，这个时候没有人会觉得你个性率直，只会觉得你情商低。甚至大家会认为你这是在表现自己，刻意在众人面前营造一种"众人皆醉我独醒"的优越感。这不但会让场面陷入尴尬，同时也扫了别人的兴致，最后只能惹别人讨厌。

玻璃心的人就不同。虽然我们常说玻璃心的人内心脆弱。然而，他们却很少当面拆穿别人，这并不是因为他们不爱说话，而是因为，在日常生活中，他们经常被人们说"性格敏感，不好相处"，所以他们对于被当面拆穿的人能够感同身受。因此，即使看穿了一些事情，他们也不会当面拆穿，让别人难堪。

爱美之心，人皆有之。尤其是女孩子，对于自己的容貌、身材更加在意，林芳就是如此。过年回来，同事们正聚在一起说过年发生的好玩的事情。林芳兴高采烈地和同事说回到家乡吃了哪些美味的食物，去哪里旅游了。

正当气氛正热烈时，一位男同事对林芳说道："哎呀，你还高兴什么呀。看看，你现在脸也圆了，腰也粗了。过年回家大鱼大肉肆无忌惮地吃，不长胖才怪……"

听着男同事的话，林芳脸色越来越难看，最后难过得眼泪都掉了下来。这时候，一位女同事瞪了男同事一眼，对林芳说道："别听他胡说，哪有长胖，还是小蛮腰呢。"

"就是，就是。"

收起你的玻璃心，碎给谁看

"过年要到处走亲戚，累都累死了，哪儿还能长肉呀，你分明瘦了很多。"

同事们将那个男同事赶走之后，你一言我一语地开始安慰林芳。

正所谓："知人不必言尽，言尽则无友。责人不必苛尽，苛尽则众远。"很多事情，即使你已经看破了，也没有必要说出来让别人难堪，只要做到自己心中有数即可。

很多人问，即使我看到别人犯了错误，也不说穿，任由他继续犯错吗？而这就要具体问题具体分析了，如果你的话会让对方难堪，那么你可以私下去找对方说明，而不是在公众场合当面拆穿他。

比如说，你的朋友买了一个名牌钱包，正用得高兴。而你恰好也有一个这个品牌的钱包，并且发现朋友的是假货。假如你在公众场合指着他的钱包说："嘿，你这个是假的，你看正品商标是这样的，你的多了一个字母……"那么，这无疑是在公众场合给别人难堪。难道对方不知道这是假货吗？你可以设想一下，如果被拆穿的对象是你，你会是什么感受呢？所以，如果想要营造良好的人际关系，我们首先就要学会不随便拆穿别人。生活中，虽然我们常说要照顾别人的情绪，但是真正做起来并不简单。

性格敏感的人，善于站在别人的角度思考问题，即比较有同理心。对于别人被拆穿的难堪常常能够感同身受。所

第四章 善共情，用适当的敏感力打造舒服的人际关系

以，即使看穿了，他们也不会拆穿别人。如果别人犯了错误，那么他们便会找一个合适的机会委婉地向他们说明，以免伤害他们的自尊心。

很多时候，人们都十分在乎自己的面子。如果你一味地去"拆台"，让对方没有面子，那么，对方很难对你产生好感，甚至还会记恨于你，一旦找到合适的机会，他们便会对你进行报复。如果你是一个敏感的人，在察觉到对方不满的情绪时，能及时停下，并且帮助对方将事情圆过去，那么对方就会对你产生感激之情，在日后的生活中，自然就会乐意和你交往。

8. 默默陪伴胜过千言万语

在生活中，很多人都羡慕那些能言善辩之人，认为他们聪明，会做人。而对于那些不善言辞，甚至是沉默寡言的人，常常会选择远离，并且经常忽视他们的善意。

善于表达的人，喜欢用动听的言语来获得别人的好感，当朋友遇到困难时，他们豪情万丈，想方设法来帮助朋友解决难题。而玻璃心的人却不同，他们往往不善言辞，当朋友遇到困难时，他们不会围在身边出谋划策，但却会用陪伴来表达自己的关心。

收起你的玻璃心，碎给谁看

凡事并不是说得越多越好。很多人在心情不好的时候，都喜欢一个人安静地待着，因为安静的环境能够让烦躁的心沉静下来，让他们思考日后的道路。

当爱情浓烈时，无论做什么都会让人欢喜。而当爱情逝去时，便只剩下锥心之痛了。陈欢和男朋友长时间异地，感情生变，最终分手。陈欢悲痛欲绝，整天以泪洗面，人都变得憔悴了几分。

朋友们担忧陈欢的状态，但想尽各种办法也无法让陈欢开怀。其中一个朋友说道："欢欢，旧的不去，新的不来。没必要这么要死要活的。"

陈欢还只是哭，并没有回应朋友的话。朋友继续说道："要不然，我们去喝酒吧，不是说一醉解千愁嘛。欢欢，喝醉了，醒来就忘了他吧。"

……

虽然知道朋友是好意，但是陈欢却越听越难受，心情也逐渐变得烦躁起来。"好了，你真是站着说话不腰疼，我的事情不用你管。"

她一句话堵住了朋友的口，朋友听了之后脸色瞬间变了，只说了句"不识好人心"就走了。而另一位朋友却不是如此，她平时并不擅长说话，在陈欢感情不顺时，也没有能言善辩地安慰她，而只是默默地陪伴在她身边。

有时候，这位朋友会约陈欢去书吧，其实两个人也没有

第四章 善共情，用适当的敏感力打造舒服的人际关系

太多的交谈，只是一起默默地看书。有时陈欢也会向朋友述说心中的郁闷。朋友担心陈欢不好好吃饭，因此去她家的时候，经常会带很多自己亲手做的饭菜。就这样，在朋友的陪伴下，陈欢慢慢地走出了情伤。

在人际交往中，如果一个人说话太多、太爱表现，往往会喧宾夺主，容易招致他人的反感。而且，这种人往往以自我为中心，很少顾及别人的感受。而玻璃心的人不同，他们或许话少，但这并不代表他们冷傲。他们往往更善于倾听，并且经常做多于说，而这对于人际交往而言，可谓是一把利器。

学会倾听别人说话，是一件非常重要的事情。卡耐基曾经说过："对和你谈话的那个人来说，他的需要和他自己的事情永远比你的事重要得多。在他的生活中，他要是牙痛，要比发生天灾，数百万人伤亡的事情还更重大；他对自己头上小疮的在意，要比对一起大地震的关注还要多。"因此，在生活中，在与人相处时，我们不需要一味地去表现自己，这对于人际交往意义不大；而认可别人，倾听别人，却能够让交往长久而有意义。

很多人都羡慕轰轰烈烈的爱情，但其实那种细水长流、默默相伴式的爱情才更容易持久。刘峰的婚姻面临着七年之痒，来自生活和工作的压力，让刘峰每天都忙忙碌碌。但他的付出得到了回报，慢慢地，他在公司的职位越升越高。

收起你的玻璃心，碎给谁看

然而，等到下班回到家里后，刘峰从妻子口中听到最多的就是那些家长里短，他渐渐觉得两人的共同话题越来越少了，生活中激情不再，并且愈发觉得工作起来没有动力。

有一天，刘峰和朋友出去吃饭，谈起这个问题。朋友顿时长吁短叹道："刘哥，你真是太不知足了。嫂子多好，上得厅堂，下得厨房。孝敬老人，照顾儿女。最重要的是，对你的照顾是无微不至，不管你应酬多晚回家，她都等着你。唉！辛苦了这么多年，我也想有一盏夜晚为我亮起的灯呀。"

听到朋友的话，刘峰恍然大悟。如果没有妻子这么多年默默的照顾和陪伴，没有她将家里打理得井井有条，他怎么能够安心地在外面拼搏。顿时，刘峰心中非常感念妻子的付出。如果妻子只说不做，那么他不仅要操心上班的事情，而且还要操心家里的事情。从此之后，刘峰便改变了对妻子的看法，并且尝试补偿往日对妻子的亏欠，而此时他发现，生活更加美好了。

生活中，外向的人总是比内向的人得到的更多，因为他们在遇到事情时，会用言语来打动、说服别人。性格内向的人却不同，在与人交往时，他们往往比较沉默。但是越是这样的人，越会在你遇到了困难时，不遗余力地帮助你。

所以，当你遇到玻璃心的人时，不要因为他们外表冷漠就远离他们，因为他们是那种一旦信任你之后，就能和你掏心掏肺、建立真正友谊的人。

第四章　善共情，用适当的敏感力打造舒服的人际关系

9. 敏感的人总能体察别人的痛处，并绕行

在生活中，每个人都有自己的"痛处"。有的人发现了之后选择视而不见，而有的人发现了之后却喜欢将之公开于众，以此来彰显自己的聪明。俗话说"矮人面前莫说短话"，在人际交往中，如果总是揭别人的伤疤，那么别人只会对你产生厌恶。

比如说，一个人的至亲去世了，他已经够伤心了，但他的朋友却打着关心的旗号，一个劲儿地追问他"现在心情怎么样？还会不会想起去世的亲人？"对于失去至亲的人来说，这样的关心不但不会让他感觉到一点儿温暖，反而会提醒他想起亲人去世时的那种痛苦。

又比如，一个女孩子长得有点儿胖，她本来就有些自卑。但是你偏偏每次见到她都说："哎呀，身上的游泳圈又大了，还不减肥呀？"说白了，这就是往对方伤口上撒盐。

曾经看过这样一段话："如果我和你说我长胖了，你千万不要点头赞同我说的话。你一定要反驳说，没有呀，哪里长胖了，这样刚刚好。就算我说，哎呀，我是真的胖了。你也要坚持说，没有，你真的没胖。"

即使是在别人自嘲的时候，我们也要去安慰对方，而不

收起你的玻璃心，碎给谁看

是顺着对方的话直接去戳对方的伤疤。

有一次，在高考完之后，去参加朋友孩子的升学宴。整个宴席满满的，好几桌人，其中有一些是朋友的亲戚。

等到酒至半酣，一位看着像是朋友亲戚的中年男子端着酒杯去了旁边的桌子，对着其中一个人大声地说道："嘿，老王，你家小子考得怎么样呀？要我说，以前他就不爱学习，还不如让他早点走向社会，上班还能给你减轻负担呢。"

那位名为老王的人，听到这里脸色不是很好，但在宴会上也不好翻脸，就青着脸说道："多谢李总关心，我家小子确实没考好。"

"那到底考了多少分？能上二本不？实在不行，大专也可以。三本学费太贵，估计你家负担不起。"

老王吞吞吐吐，没有接话。

李总接着说道："唉，现在的孩子真是太不容易了，高考就像万军过独木桥。我家闺女学习刻苦，考上了北京的师范大学，过几天你们都来喝酒啊。"

完全不顾老王难堪的脸色，李总洋洋得意地夸赞了自己女儿好一会儿，才离开。

这位李总的女儿虽然考得很好，但是他炫耀的却不是时候，他在有意无意间戳了别人的"痛处"。很多人都不喜欢玻璃心的人，认为他们敏感、难以相处。但他们却忽视了，正是因为拥有"玻璃心"，他们才能够分辨出什么话题该

第四章 善共情，用适当的敏感力打造舒服的人际关系

谈，什么话题不该谈，并因此绕过别人的"痛处"。

王凯长得高大英俊，在学校时是风云人物，喜欢他的人很多。但他却谈了一场刻骨铭心的初恋：面临毕业，女友要回家乡，以不能接受异地恋为理由和王凯分手了。王凯为此痛苦了好长一段时间，直到工作之后遇到性格温柔的方慧，才走出了失恋的阴影。

一次同学聚会，王凯带了女朋友一起去。大家说得兴起，提起了大学时代学校里那些罗曼蒂克的爱情故事，便说起了王凯的初恋。王凯一听就变了脸色，不安地看了一眼自己的女朋友，说道："都是过去的事情了，没什么好说的。"

大家看王凯脸色不对，都不接话了，但向来口无遮拦的王岩却说道："这有什么，不过是活跃下气氛。"不顾王凯的阻止，她继续口若悬河地讲王凯和初恋谈得如何轰轰烈烈，又如何在花前月下卿卿我我。

听到以前发生的事情，王凯不禁想起了之前与初恋的甜蜜和分手后的痛苦。王凯的女朋友看着王凯越来越痛苦的神色，心中五味杂陈，最终拂袖而去。

第二天，王凯便和女朋友分手了。

朋友聚会本是联络感情、轻松愉快的好事，但却因为一个人在合适的场合说了不合适的话，揭了别人的伤疤，而导致大家都不开心。

我们应该谨记：无论是同学聚会还是日常交往，都应该

收起你的玻璃心，碎给谁看

谨言慎行，不要逞一时口舌之快，而在无意中对别人造成伤害，有时候我们需要给语言的利刃加上一把刀鞘。

一个人的"痛处"可能是自身的某些缺陷，也可能是某些让自己痛苦的事情。在人际交往中，如果你时不时地将别人的"痛处"当做谈资，那么，这不仅是往对方的伤口上撒盐，也是在践踏对方的自尊，从而为对方记恨于你埋下祸根。

很多时候，一些人在经历了痛苦之后，并不想被别人同情和可怜。这时，我们那些自以为是的"善意安慰"只会让对方更难受。因为这种关注和同情，不但起不到抚慰的作用，反而还会通过"格外强调"和"反复询问"，让他们一遍遍地重温并且加深当时的痛苦。

玻璃心的人能够换位思考，他们明白每一次不合时宜的安慰都是在揭对方的伤疤。所以，他们会选择"视而不见"，并寻找时机转移话题。所以，当我们遇到玻璃心的人时，不必躲躲闪闪。他们不但不会伤害你，反而还会在有意无意间给你以尊重和关怀。

10. 懂得体谅别人的难处，有一种善良叫不刻薄

在生活中，每个人都有遇到困难的时候。有的人遇到了难处，希望有人来帮忙；而有的人则喜欢埋在心底，不希望

第四章 善共情，用适当的敏感力打造舒服的人际关系

自己的困难在公众场合被人围观。

有时候，你自认为是在帮助对方，其实恰好相反，你可能会好心办了坏事，使得对方难堪。《庄子·人间世》有言："刻核太至，则必有不肖之心应之，而不知其然也。"意思就是说，如果一个人对待别人太刻薄，心里很容易发生变化，以后便会不自觉地、刻薄地对待别人。

没有人会喜欢和一个刻薄的人相处，如果你喜欢以别人的"难处"来取笑别人，将自己的快乐建立在别人的痛苦之上，不顾及别人的自尊心，那么，你身边的人必然会因为你的刻薄而远离你。

曾经发生过这样一件事情，在肃穆的婚礼上，在两位新人庄严地致辞后，正要交换戒指时，新娘突然放了一个很响的屁。众人哄堂大笑，宾客们禁不住拿新娘子开玩笑，结果，新娘当场犯了心脏病，猝死。

如果宾客们能够体谅新娘的尴尬，理解这一天对于新娘的意义，不以新娘子的尴尬之事而取笑她，那么也许悲剧就不会发生。

有时候，无视别人的尴尬也是一种尊重。玻璃心的人不仅会无视别人的难堪，而且必要的时候，甚至还会牺牲自己的利益，给别人一个台阶下，帮助他们缓解尴尬的局面。

康德曾经说过："我尊敬任何一个独立的灵魂，虽然有些我并不认可，但我可以尽可能地去理解。"

收起你的玻璃心，碎给谁看

人生百态，有的人有权，有的人有钱；但同样也有人衣衫褴褛，食不果腹，这并不意味着他们就没有尊严。

在逛街的时候，我们经常会在繁华的路段看到一些衣衫褴褛的人在向别人乞讨。很多人看到了便会走过去，将手中的零钱扔到他们碗中，然后带着优越感离去。而善良的人则不同，他们懂得体谅别人的难处，即使是给乞丐钱，也不会扔给对方，而会弯腰将钱放在乞丐碗中。

有一天，楼下水果店搞促销，李清家里正好没有水果了，便决定去买一些。刚进水果店没多久，一个衣衫有些破旧的女人窘迫地站在旁边问她："小姑娘，我想买点儿苹果，但手里只有5块钱，能不能借你的会员卡用一下，这样我就能多买一点儿，之后我再给你现金？"

使用会员卡买水果可以打7折，能够节省不少钱。看女人的穿着就可以推断，她的家境应该很不好，所以此刻才会低下头来借会员卡。李清想，每个人都不容易，如果能帮一些就帮一些。

害怕让人多等，李清拿了几个苹果就和女人一起去柜台那边结账了。柜台收银的小姑娘看到女人穿的衣服，嫌弃地拿过袋子称了一下就说："六块钱。"

"不是可以打折吗？"女人有些着急。

"那你有会员卡吗？"小姑娘不屑地问道。

李清赶忙将自己的会员卡递过去，"用我的。"

第四章　善共情，用适当的敏感力打造舒服的人际关系

但小姑娘不接，并说道："会员卡只能用自己的，买就买，不买就赶紧出去。"

这时，旁边几位客人也嘲笑道："没钱，还来买什么水果。"

"就是，穿得这么穷酸。刚刚买水果的时候，我真害怕碰到她而把自己的衣服弄脏。"

……

接下来的冷言冷语一度让气氛凝固，这时店主走了出来，看着愈发窘迫的女人，不悦地向面色冷傲的小姑娘说道："顾客就是上帝，有你这么对待客人的吗？"

训完店员，店主又转身对着女人说道："这位大姐，真是不好意思，店员不懂事，可以用别人的会员卡。"结账之后，店主又从旁边拿了一个品相特别好的苹果放到女人的袋子里，并且说道："大姐，对不住了，给你带来了不愉快的购物体验，这个苹果就当是赔礼道歉了，欢迎你以后再光临本店。"

和那几个冷嘲热讽的客人完全不同，店主没有揪着女人的窘迫不放，而是主动给了她台阶下。之后，店主的善解人意在小区里出了名，店铺生意也因此蒸蒸日上。

生活并不是一帆风顺的，谁能够保证自己不会遇到难堪呢？即使是明朝的开国太祖，少时也不是一帆风顺的，甚至经常食不果腹。如果在别人尴尬时，能够选择视而不见，那么，这是对对方最好的帮助。

浙江卫视播放的《欢乐颂》赢得了观众的喜爱，在

收起你的玻璃心，碎给谁看

《欢乐颂2》中有一个情节：小包总的妈妈带着安迪去捉奸，当亲眼看见丈夫搂着别的女人亲热的时候，小包总的妈妈当场崩溃大哭。安迪没有打抱不平，也没有言语安慰，只是默默地坐在一边，等小包总的妈妈"体面"地哭完。当小包总的妈妈发泄完情绪，冷静下来之后，感动地对安迪说道："安迪，你真是一个有教养的孩子。"

在电视剧中，安迪因为自己的身世和成长的环境，性格比较敏感。但是不可否认，她的处事方式非常让人舒服。在小包总的妈妈遇到"难处"时，她并没有上前安慰，或者同对方一起骂，而是选择视而不见，给对方留下足够的空间和尊严。

玻璃心的人并不难相处，相反，因为心思细腻，他们反而很会体谅别人。在别人遭遇难堪的时候，他们不随意地指责，也不随便地安慰和帮助。因为他们明白，当你看到别人的难堪而不懂得回避的时候，你的真性情就变成了一把刀子，并且这把刀子无时无刻不在刺痛处于尴尬境地的人的心。

11. 不要看别人说什么，而要听其没说的心声

在人际交往中，语言是非常重要的。无论做什么，人们都是通过彼此间的对话来沟通。聊天是最简单也是最常见的

第四章　善共情，用适当的敏感力打造舒服的人际关系

一种沟通方式，但是就是这种简单的方式却能够传达出多重意思。

一句话，有表面的意思，也有深层次的意味，后者就是我们常说的"话外音"。很多时候，人们简单的一句话却耐人寻味。

比如说，在和朋友聚餐时，已经到了深夜，你的朋友说："哎呀，时间还早，我们继续喝。"难道对方真的是让你留下来继续喝酒吗？其实他（她）是在委婉地提醒你，时间已经不早了，该告辞了。或者说，你最近手头比较紧，想要和朋友借点儿钱。朋友说："这离发工资还有一段时间呢，唉，可惜我刚交了房贷，要不我和别人借点钱先给你救救急？"话中之意已经很明显了，难道此时你还要继续追问？

赞美是人际交往中非常常见的一种技巧，同时也是快速拉近彼此关系的窍门。有时候别人赞美你，可能并不是因为你做得很好，而只是因为别人出于某些原因对你说客套话而已。因此，你不仅要会说话，而且还要会听话，这样才能理解别人话中的深意，从而很好地掌握语言这门艺术。

玻璃心的人，因为非常善于察言观色，所以能够敏锐地感知别人的情绪。尤其是在聊到敏感话题时，他们总能认真聆听别人的心声，并揣摩其中的深意。虽然在与人沟通的时候，玻璃心的人很难看透别人的内心，但是他们却往往能够听懂别人的话外音。

收起你的玻璃心，碎给谁看

许菲要去一家公司面试文案职位，因为之前没有做过文案，虽然提前做了很多工作，但在面试的时候她依然有些紧张。

面试官提出了一些与文案工作相关的问题，许菲都答得非常好。接下来，面试官问道："你在上一家公司做的是秘书工作，而且做得非常好，为什么要转行呢？"

许菲犹豫了一下，说道："人生是需要挑战的，我觉得文案的工作非常有挑战性，而且非常有趣，所以我想做文案。"

"那你能够马上接手吗？"

"只要有人带我，我三个月之内肯定能够熟练上手。"许菲非常自信地说道。

"许小姐，看得出来，你非常优秀，我个人非常欣赏你。这样吧，你先回家等消息，如果面试通过，我们会马上通知你。"面试官脸上挂着温和的笑容说道。

"好的。"等出了公司之后，许菲的情绪立马低落了下来。从面试官的话中，她听出了对方对自己的工作能力并不满意，自己的面试根本没有通过。

因此，许菲并没有一直等这家公司的消息，而是将精力投入到下一份工作的面试中。

人与人之间的沟通成本其实很低，但是如果要沟通好却很难。尤其是在男女谈恋爱的时候，如果你听不懂女生的言外之意，那么你的爱情很难修成正果。因为在谈恋爱的时

第四章 善共情，用适当的敏感力打造舒服的人际关系

候，很多女生都喜欢"口是心非"。比如说，当你们两个逛完街，你说要送她回家时。女生却说很近，不用送，她自己可以回去。如果此时你真的不送她，那么她又会很生气。其实，这时候就需要你仔细揣摩她的言外之意。

或者说，当女生问你要不要吃冰淇淋的时候，其实是在告诉你她想吃冰淇淋。这个时候你应该做的就是马上带她去吃冰淇淋，而不是回答她你吃不吃冰淇淋。

能够明白对方言外之意，对于恋爱非常有帮助。而玻璃心的人在这方面就很占优势，因此在很多时候他们都能够获得自己想要的爱情。只有从言语中了解对方真正的心思，才能够对症下药，俘获对方的心。

俗话说："听话听声，锣鼓听音。"如果能够听懂别人的言外之意，那么将对你的职业生涯非常有帮助。在职场上，因为各种利益关系，很多人并不会说真话。当涉及自己利益时，他们甚至会说出与事实相反的话来模糊重点。

如果你可以听懂同事、领导或者客户的话外之音，那么你就能够了解他们的真正想法，并据此选择合适的沟通方式和沟通内容，从而达到良好的沟通效果并与之建立良好的关系。

王彦刚进入职场，非常高兴自己有一个非常好相处的上司，上司每次都会对他的工作给予肯定。当他策划的方案上交时，上司总会笑眯眯地对他说："这个方案做得真是太

收起你的玻璃心，碎给谁看

好了。"

这些话让王彦得到了莫大的鼓励，他感觉终于有人赏识自己的才华了。有一次，公司接到一个非常重要的项目，如果方案被采用，就可以获得升职加薪的机会。

王彦认为这是一个非常好的机会，于是加班加点赶出了一个方案。当交给上司时，依然获得了"真好、真棒"的表扬。王彦顿时信心百倍，认为自己马上就要升职加薪了。

然而，等到最后，公司采取的方案并不是王彦的。王彦在失望之余，去问上司原因。上司一连找出了十几个错误，并且说道："年轻人，工作要认真，不要急躁。"

王彦这才醒悟过来，原来之前上司说的"真好、真棒"并不是在夸奖自己，而是"不够好""很糟"的反语，是他自己一直领悟错了上司真正的意见。

……

其实玻璃心并没有什么不好，它可以帮助你理解别人的真正意图。在人际交往中，你可以据此来调整与人沟通的方式，从而达到理想的沟通效果。不断地培养自己的敏感力对于我们来讲十分必要。

第五章

对美好事物的感知力
决定你的幸福度

第五章　对美好事物的感知力决定你的幸福度

1. 敏感之心是上天对你的善意安排

一声啼哭，是新生儿对他们即将面临的崭新的世界的感知力。随着年龄一点点变大，他们开始每天按部就班地生活，并且渐渐习惯于外界的环境。就这样周而复始地生活。在这个过程中他们逐渐失去了与生俱来的敏感力，有些甚至变得对生活麻木起来。

有人说，这不是人生成长的必经过程吗？每个人都会经历这样一个阶段，这没什么不好，他们反而觉得成为一个"玻璃心"的人并不是好事。

笔者看来，他们的这种观点失之偏颇。其实玻璃心是一种感受外界事物的能力，如果人们失去了这种能力，无法感知外界的事物，那么很多时候就会失去对生活中美好事物的感受。

纵观古今，我们可以发现，很多诗人、发明家、作家等都对外界环境有着敏锐的感知力。他们凭借敏锐的感知力不

收起你的玻璃心，碎给谁看

断地从生活中获取灵感，并探索事物的发展规律，从而创造出新事物。

很多人都认为玻璃心弊大于利，认为玻璃心的人只会感受到苦恼，让自己陷入情感的纠葛和冲动的反应之中。但其实敏感也是一种天赋。玻璃心可以让你敏锐地察觉生活中的微不足道的小细节，这对于处理人际关系大有裨益。

与敏感相对的是麻木，人们常常喜欢用麻木不仁来形容一个人对于外界事物反应迟钝或者漠不关心。比如说，如果你是一个麻木不仁的人，那么当你朋友遇到了烦恼，向你倾诉，并且需要帮助时，你可能就用一句"怎么了？关我什么事"来打发对方。这无疑是将友谊推入万丈深渊。

如果换作是玻璃心的人，他们会作出与你相反的反应，因为他们心思细腻，更容易对别人的事情感同身受。玻璃心的人善解人意，当你找他们帮忙时，只要力所能及，他们就很少拒绝，他们的贴心经常无与伦比。

拥有一颗玻璃心并不是坏事。玻璃心的人不但对事物具有很强的感知力，而且非常擅长感知别人的情绪状态。一旦发现自己的某句话或者某个动作让对方不悦，他们就能够及时转移话题。很多时候他们都可以从别人的表情洞悉别人的心情，从而说一些对方感兴趣的事情，使得双方交流愉悦而有效率。

玻璃心的人经常能够接收大量的信息，进行加工处理，

第五章　对美好事物的感知力决定你的幸福度

并把这些细节归纳到自己的认知框架中。因此,他们在处理事情时,往往会考虑得很全面,争取把每一个细节都做到位。我们常说"细节决定成败",当你尽力将每一个细节都做好时,想要不成功都难。

很多人还认为,玻璃心的人都不快乐,因为他们每天都在伤春悲秋,自怨自艾。其实恰好相反,越是玻璃心的人,越能够感知生活中的美好。他们可以将朋友之间的问候,感知为朋友对自己的关爱;可以将父母的唠叨,感知为父母对自己深沉的爱;可以将上司对自己工作的意见,感知为上司对自己的重视……在他们眼里这一切都是美好的。

玻璃心的人,更应该以积极的态度来对待自己的这种特质,而不必将玻璃心解读成神经质。学着关注生活积极的一面。比如,当看到花朵盛开时,不要去想下一刻的花落,而是欣赏它当下的美;当在谈一段恋爱时,不要去想分手后的痛苦,而是感受现在恋爱的甜蜜;当进入到一个新的工作环境时,不要去过分警惕别人会对你产生敌意,而是积极地融入新环境。

当我们学会了控制自己的情绪,不过度地警惕、怀疑别人的意图时,我们才能够在生活中如鱼得水。敏感不是让我们自卑的缺陷,而是上天对我们最好的恩赐。

收起你的玻璃心，碎给谁看

2. 敏感，让你具有丰富的感知力

在生活中，玻璃心的人往往拥有敏锐的感知力。感知力是人们所具有的，能够对外界的刺激产生反应的一种特性。具体来说，就是人们的感觉和知觉。比如说，对于外界的事物，人们可以通过眼睛去看，通过耳朵去听，或者通过鼻子去闻，通过手去摸等。然后通过大脑将感受到的事物属性综合起来，并形成具体的物象，这就是我们常说的感知力。

迟钝的人对于外界事物感知很弱；而玻璃心的人，对于外界的事物感知却很强。无疑前者将会错失很多生活中的美好。如果你对外界的反应比较迟钝，那么这将对你的生活、职场、人际交往等方面产生很多不良影响。如果你无法感知世界的绚丽多彩，那么生活将会变得贫乏无味。如果你无法对外界的事物作出迅速而正确的反应，那么就很容易将自己困在狭小的天地中，失去感受世界美好的机会。

我们可以发现，那些大艺术家、大哲学家们往往都心思细腻，内心敏感，时刻都对外界有着敏锐的感知力。无论是美好事物还是丑恶的事物，他们都能洞悉其本质。正因为如此，他们才利用自己丰富的情感创作出了流芳百世的作品。

同时，敏锐的感知力也是很多成功人的特质，他们会为

第五章 对美好事物的感知力决定你的幸福度

了一点点的差别而进行反复的修改。比如说苹果创始人乔布斯，为了给产品选择最满意的颜色，他花费了一个月的时间，在上千种颜色中挑选，尽管这上千种颜色在很多人眼里并没有什么差别。

玻璃心的人会因为一朵花的芬芳而愉悦，会因为一件精美的艺术品、一首动听的音乐、一幅壮丽的景色画而如痴如醉。他们较强的感知使他们随时都能感受到外界的美好。

在生活中，有的人生活得快乐，有的人生活得愁苦；有的人生活得多彩多姿，有的人生活得无趣乏味……这种截然不同的生活状态其实和自身的感知力息息相关。玻璃心的人往往可以利用自己敏感的特质，将自己融入到环境中，并且时刻可以体会到生活的无限乐趣。

敏锐的感知力决定着你处理事情的方式。比如说，当两个人的关系正处在非常紧张的状态时，如果你比较敏感，那么你可能会这样想："这个人好像生我的气了，我做错什么了吗？"然后，你会根据这种思路来寻求解决办法。

与之相反，如果你比较迟钝，那么你可能会想："这个人看起来有点儿沮丧，他可能需要多关心一下自己。"之后你便敬而远之了。

对事物敏感程度的不同，导致了两种完全不同的解决办法。乔布斯曾经说过："直觉是个很强大的东西，比智商还要强大，它对我的工作影响很大。"这里的直觉，我们可以

收起你的玻璃心，碎给谁看

解读成感知力。玻璃心的人往往有着敏锐的直觉，他们凭借这一特质更容易获得成功。

但很多人仍说玻璃心的人心理承受能力差。其实我们可以从以下角度来看待这种观点：因为玻璃心，所以敏感，因此就会接收外界更多的信息，进而就琢磨得多，在这种心理状态下，就很容易无限放大别人的一句话或者一个动作。

但正因为如此，玻璃心的人才永远不会缺少发现美的眼睛。黑格尔曾经说过："假如你不缺少发现美的眼光，那么，你在每个人、每件事物身上，都可以发现美，在受到美的吸引的同时，感受到很大的快乐。"

当你拥有了强大的感知力时，便拥有了一双善于发现美的眼睛。然后你就会从积极的方面去看待你发现的事物，并感受其中的美。

黑格尔曾经在《谁在抽象思维》中讲述了这样一个故事：

有一个女人是一位小贩，以卖鸡蛋为生。有一天，摊子上来了一位女顾客，在那里挑拣了很久。然后拿起了一枚鸡蛋摇了摇，晃了晃，觉得有些异常，然后对卖鸡蛋的女人说："哎呀，你这个鸡蛋是臭的，你也敢拿来卖。"

事关生计大事，女人当然不能承认，而且她没有听说过通过摇一摇就能够确认鸡蛋是不是臭的。所以，女人爆发了，大声地喝道："我的鸡蛋是臭的？你是神仙吗？听一听就敢说我的鸡蛋是臭的?"然后便像爆豆一样,不停地大骂。

在生活中,如果我们遇到这样的女人,肯定会定义她为泼妇。对于泼妇,人们往往都是避之不及,并且会觉得她丑陋不堪,毫无美感可言。

但是,如果是在书中或是在电影中看见这样一个形象,我们就会觉得女人的形象非常丰满,并且非常滑稽、可笑。

如果你是一个玻璃心的人,根本没必要为此顾虑。因为当你控制了自己敏感特质的消极面之后,就会发现自己拥有可以发现生活中美好一面的能力。

3. 心情记录:留下那些美好的回忆

在很多时候,玻璃心的人会以文字的方式来记录自己的心情。这其实是一件非常好的事情,因为文字可以帮助我们加深记忆。不过,玻璃心的人更加倾向于记录一些悲伤的事情。

曾经看到过这样一句话:"我愿意把悲伤的事情写在沙滩上,海浪来过就消失。我愿意把快乐的事情刻在石头上,永远铭记。"其实,玻璃心的人可以用文字来记录那些美好的记忆。

朱生豪在遇到一生的挚爱宋清如时,为了追求她,连续

收起你的玻璃心，碎给谁看

写了540多封情书。在这些情书里，朱生豪倾注了全部热烈的感情。哪怕时隔多年，情书中那些美好的诗句依然可以让看到的人体会当时的美好。

比如说，情书里这样写道："醒来觉得甚是爱你""不许你再叫我先生，否则我要从字典中查出世界上最肉麻的称呼来称呼你。特此警告。""不要愁老之将至，你老了一定很可爱。而且，假如你老了十岁，我当然也同样老了十岁，世界也老了十岁，上帝也老了十岁，一切都是一样。""我一天一天明白你的平凡，同时却一天一天愈深切地爱你。你如照镜子，你不会看得见你特别好的所在，但你如走进我的心里来时，你一定能知道自己是怎样好法。"……一个敏感、不善言谈的翻译家能够写出这样美好的诗句，显示出他对爱人的情意是多么刻骨悠长。

类似这样的情书，还有王小波写给李银河的。很多人都知道王小波的长相并不符合当下的审美，但不可否认，他拥有一个有趣的灵魂。当初，他在追求李银河时，经常会给李银河写信。甚至后来还出了一本名为《爱你就像爱生命》的书，书中记录的就是王小波和李银河所有的书信来往。

随着科技的发展，我们拥有了更多记录周围发生的事情和心情方式，它可以是视频、歌曲等。

玻璃心的人能够敏锐地感知事物，无论是好的，还是坏的。而且，出于自我保护，他们遇到事情往往会往消极的方

第五章 对美好事物的感知力决定你的幸福度

面想,或者说喜欢关注消极的内容。即使他们关注的消极内容并不是全部的事实。

这也是玻璃心的人经常被称为玻璃心的原因。但敏感并不是一无是处。相反,如果可以克服敏感的消极面,那么,无论是在人际关系,还是在个人事业方面都更容易获得成功。

若想要克服消极情绪,则需要让消极信息远离大脑。学着多去感知生活中美好的事情,才能让自己的认知达到平衡。

在很多时候,玻璃心的人的情绪就像是投掷骰子一样,结果是随机的。可能上一秒还是开心,下一秒情绪立刻就低落了下来。所以,我们要做的就是,在可控的范围内,主动将情绪定位在积极面。

研究发现,当一个人长时间处在积极的环境中时,他的心态会因为环境潜移默化的影响而变得积极。所以,想要让心态变得积极,那么我们首先要为自己营造一个积极的环境。比如说,积极投身自己所热爱的事情,让自己在愉悦中变得充实。

从小时候起,我们便会被要求写日记,来记录一天发生的事情。其实这个方法也同样适用于玻璃心的人。当令你开心的事情发生之后,你可以及时记录下来,从而使得开心的情绪更加清晰,而且在一段时间之后,如果再来看这件事

收起你的玻璃心，碎给谁看

情，依然可以重温当时快乐的感觉。

当然，我们不必拘泥记录的形式。可以是日记，也可以是电子随笔。你可以在夜深人静时，静下心来记录，也可以随时随地编辑，这都取决于你的个人喜好。

当过一段时间之后，再来翻看这些记录，你就会发现，原来你的生活可以如此丰富多彩，原来还有这么多开心的事情曾发生。当越来越多的积极情绪占据你的头脑之后，你就会发现，虽然你依然可以敏锐地感知生活中发生的各种事情，但你却能够将自己的情绪控制在积极的层面上。

龙生九子，各不相同，同样，每个人对于事情的感知也不同。你感知的美好在别人眼里可能只是痛苦，而此时，我们只能求同存异。

让人感觉开心的事情并不一定是轰轰烈烈的事情，我们可能因为买到了一件漂亮的衣服而开心，也可能因为吃到了美食而开心，或者可能因为一直追的电视剧更新了而开心。当然，诸如你一直工作努力，终于获得了老板的赏识升职了，和一直追求的女神确定了恋爱关系，更甚者买彩票中了千万大奖……这些都是让你感觉到开心的理由，你可以将这开心的瞬间记录下来，久而久之，量变就会引起质变，而你的人生也会因而变得更美好、更积极。

第五章 对美好事物的感知力决定你的幸福度

4. 做一些让自己快乐、有成就感的事

快乐积极的事情明显有益于个人的发展和身体健康。在很多时候,成就感与快乐往往是相辅相成的。当一件事情让你充满成就感时,也会为你带来满足感。而这种满足感,就是快乐的源泉。

从心理学的角度讲,玻璃心就是内心比较脆弱,承受能力不强。如果想要让心理承受能力变强,我们就需要用一些充满成就感的事情来增强自信。比如说,在某阶段的工作上取得一个好成绩,写一篇优美的文章,在一段时间内读完一本书,攒一笔钱,考个驾照……当这样一件件小事不断地被完成时,快乐就会伴随成就感而生。

当然,这种快乐并不是漫无目的,像看几个笑话或者一些搞笑喜剧片那样短暂而又毫无意义,而是有所得的,这是在某一阶段提升自我带来成就感而产生的充实的快乐。

王琦最近觉得生活无趣,于是为自己报了一个英语班,在工作之余利用上课来充实自己。

公司里的人见到王琦忙碌的样子,便劝道:"小王呀,平时工作就够辛苦了,周末还去上课,能好好休息吗?"

"就是就是,咱们现在的工作又用不上,还不如周末好

收起你的玻璃心，碎给谁看

好休息，这样上班才有精力工作。"

王琦笑了笑，说道："前段时间买化妆品时，发现官网上的便宜很多，但全是英文，好多都看不懂。正好，周末时间多，报个班学习两三个月的英语，这样买化妆品时就能看懂了。"

"原来是这样，那你好好学吧。"公司的同事为王琦打气道。

经过一段时间的学习之后，王琦的口语和读写能力都有了大幅度的提高，这使他在可以看懂化妆品官网上的文字同时，还晋升到了高薪职位。

在很多时候，你所做的一些有意义的事情往往会给你带来有利的改变。并且当你沉浸在知识的海洋中时，也能够感受到快乐。而且这种快乐并不是无意义、短暂的，而是能够持续鼓励你前进的，特别是在你学有所成之后。

而某些玻璃心的人，却很喜欢过度关注一些消极的事情，从而将自己置于一种消极的状态中，严重时甚至会失去自信。而一个没有自信的人，是很难取得成功的。

玻璃心的人有时候虽然容易失败，但这并不代表他们不优秀，他们只是因为太在意别人的目光，在遭受一次失败之后，便担心给别人留下"无能"的印象，而不善于表现自己。久而久之，就渐渐失去了信心，并且对自己的能力产生怀疑，以至于在做事情时，很难完全发挥自己的实力。

第五章　对美好事物的感知力决定你的幸福度

当你为自己树立一个又一个小目标，并且将其完成之后，成就感就会不断累积，你对自我认同的程度也会越来越高。而当你再做事情时，就能充满自信，因此就比较容易成功。久而久之，便会形成良性循环。

王月是一个身形有些微胖的姑娘，因此一直以来都比较自卑、敏感。在与人交谈时，最害怕别人提到"身材""胖""游泳圈"等字眼。一旦别人提起，她就会认为是在讽刺自己。

因为太过在意自己的身材，王月十分敏感，因此和朋友的关系并不是很好，自己也一直生活在不快乐中。深感自己不能再这样继续下去了，王月给自己制定了一个详细的减肥计划。她并没想一口气就吃个胖子，要求自己在短时间内减掉几十斤。而是为自己制定了一个又一个小目标，分阶段减到目标体重。在这个过程中，只要达到了其中一个目标，王月便会给自己一个奖励。

渐渐地，她减肥成功了，人不但变得漂亮了，而且也变得更自信、快乐了。

在我们日常所做的事情中，有些能为我们带来快乐，而有些却只能带给我们沮丧。同样，玻璃心也是一把双刃剑，既可以让我们更加敏锐地感知事物，又可以让我们陷入消极情绪之中。但一旦我们克服了消极情绪之后，便更容易获得成功。

收起你的玻璃心， 碎给谁看

所以，如果我们有一颗玻璃心，那么，不妨试着克服它所带来的消极影响，去做一些让自己快乐和有成就感的事，不断地增强自己的信心，从而遇见更好的自己。

5. 善于欣赏自然的美

在每天都要经过的路上，有一棵大树和一堵灰色的围墙。某一天突然发现，灰色的围墙裂开了一道细缝，其中长出了一棵翠绿翠绿的小树，真的是漂亮极了。

人们总是喜欢美好的事物，尤其是大自然的鬼斧神工，更是让人叹为观止。自然之美，有"五岳"的雄奇瑰丽，有长江黄河的烟波浩渺，也有杭州西湖"淡妆浓抹总相宜"的秀丽……这些美丽的景色总能吸引人们前去观赏一番。

除了这些颇负盛名的自然景色之外，还有很多值得我们欣赏的自然之美。我们常说："看庭前花开花落，望天上云卷云舒。"这不仅仅是一种心境，更是人们对于身边平凡的自然之美的感知。

很多时候，玻璃心的人比钝感的人更容易感知到自然之美。他们可以从一朵花开感知生命的绚丽多彩，从一朵花落感知"零落成泥碾作尘"的伟大；可以从别人眼中烦躁的蝉鸣感知夏日使者独奏的特殊旋律。相较于复杂的社会环境，

第五章 对美好事物的感知力决定你的幸福度

玻璃心的人更喜欢亲近大自然,因为在自然的风光中,他们可以感受一份独有的宁静和乐趣。

张二冬的《借山而居》一书,描写了他亲近自然的一些场景和事物:每天喂狗,喂鹅,喝茶,晒太阳……享受着自然的美妙和闲适,着实令人羡慕。

安冉很喜欢投入大自然的怀抱,在周末休息时,她时常会去郊外走走,或者来一场说走就走的短途旅行。如果假日比较长,那么她就会报个团,出去旅游,放松一下。她能够尽情地欣赏蔚蓝大海的波涛汹涌,也能够感受巍巍高山的雄伟壮丽……

并且随着旅行地的增多,安冉成了不折不扣的业余导游,同事们想要出去旅游时,都会向她请教攻略。久而久之,彼此之间便有了共同话题,安冉开始慢慢融入自己一直以来都很抗拒的社交环境中。

生活中常有人说她有一颗玻璃心,她从不否认。当走进一个新环境中时,她首先注意到的就是各种细微的声音和空气中弥漫的各种味道。一旦环境中有什么风吹草动,她就很容易受惊。随着她对此缺陷的克服,心胸也渐渐开阔起来。

研究表明,因为对外界事物十分敏锐,玻璃心的人总是感觉周围人的在监督他们。他们说话办事总是谨小慎微,如临深渊,如履薄冰,这让他们时常处于焦虑之中。

其实高敏感群体在生活中并不少见,甚至很多人都有被

收起你的玻璃心，碎给谁看

人说有一颗玻璃心的经历。心理学家 Elaine Aron 研究发现，美国 15%～20% 的人都属于高敏感人群。他们常常会因为外界因素的刺激而变得不知所措。

林悦是一个安静的女孩，性格比较内向敏感，不喜欢和别人交往。毕业之后，林悦成为一家网络公司的实习生。刚进入公司时，和学校天壤之别的公司气氛让林悦很是不知所措。

当同事们约林悦一起出去聚餐时，林悦总是以有事为借口推脱，因为她不想置身于热闹但却陌生的场景中，这会让她感到焦虑和不安。久而久之，她和同事们之间的距离越来越远，有时候甚至有一种被排斥在外的感觉。

因此，林悦工作得越来越不开心。就在这个时候，林悦的朋友送给她一盆非常可爱的多肉。林悦一眼就喜欢上了这盆肉肉的、可爱的植物。于是，她逐渐将业余的时间和精力放到了饲养多肉上。她查了大量有关多肉的资料，并且又买了好几盆喜欢的多肉和营养土之类的产品。

看着多肉一天天长大，林悦的心情也变得越来越好。有一天，她带了一盆自己养得非常好的多肉去了公司。隔壁一位喜爱多肉的同事看到之后，便被这一盆肉肉的植物给萌化了。

两人共同探讨了很多有关多肉种植的问题，因为多肉，两人渐渐有了共同话题。林悦发现，其实同事也没有自己想

第五章 对美好事物的感知力决定你的幸福度

象中那么难相处。之后,林悦逐渐和其他同事有了更多的交往,并且不再感觉自己是局外人了。

在很多时候,玻璃心的人很容易钻"牛角尖"。尤其是在人际交往中,当他们认定某一件事是消极的之后,便会一直往消极的方面想,并且越来越悲观。就这一点来讲,玻璃心对一个人的发展没有任何益处。

在生活中,如果玻璃心的人遇到了不开心的事情,不妨多去亲近一下大自然。自然的力量是神奇的,一些玻璃心的人不但能够欣赏到自然之美,甚至还可以从花开到花败的过程中,悟出生命的真谛。当然,不一定非要去景区旅游,大自然是无处不在的:可以是晨起的朝阳,可以是傍晚的黄昏,也可以是一棵树、一朵花、一粒尘……

当你坐在沙发上看书时,阳光正好透过洁净的玻璃照进来,光线中细小的灰尘上下飞舞着,像是翩翩起舞的蝴蝶一般。在玻璃心的人眼中,这是生活中的至美,而其他人却恰恰相反。

所以,如果你是一个玻璃心的人,根本不需要自卑。即使是在人际交往中,也不需要有低人一等的感觉,其实敏感是你感知自然之美的灵敏的嗅觉,其他人并不一定有。

收起你的玻璃心，碎给谁看

6. 音乐，感悟人生的另一种美

在生活中，我们很多人都喜欢听歌，一些经典歌曲更是因此被不断传唱。这不仅仅是因为歌词写得优美或者是旋律动人，更是因为听者和歌曲中的情感产生了共鸣。同样，人们在观看影视作品时，也很容易被其中的配乐所影响。而且，导演十分擅长在某些场合利用音乐来达到影响观众的目的。

比如，如果是在某些爱情片段中，那么导演就会采用轻快的背景音乐，让观众对人物爱情的甜蜜感同身受；如果是死亡或者受伤的场景，导演就会采用悲怆的背景音乐，让观众对人物的悲伤感同身受；如果是两军对战，那么导演就会用雄浑壮歌来当背景音乐。这是因为，音乐可以补充或者加深剧情中的情感。

在观看影视作品时，看到悲情音乐营造的悲伤的画面时，有的人很容易流下眼泪，而有些人却无动于衷。其实后者并不是"冷血"，而是不同的人对于音乐的感悟是不同的。玻璃心的人比较敏感，更容易和音乐传递出来的情感产生共鸣。而钝感的人，往往只是单纯地看剧情而已，并不会因为电影或者电视剧中的人物情感而发生剧烈的情绪波动。

第五章 对美好事物的感知力决定你的幸福度

在很多时候，音乐可以起到画龙点睛的作用。例如《我不是药神》这部喜剧片，音乐一度将剧情推到了高潮，从而给予了观众更好的观影体验。

在影片的前半部分，影片的配乐很是欢乐，很符合喜剧电影的定位。这样，即使是在程勇的父亲生命垂危在医院抢救和儿子差点儿被前妻抢走的桥段，也破坏不了由背景音乐营造出来的强大搞笑氛围，此时，观众们依然很欢乐。

但是在影片后半段，吕受益病情复发住院，程勇去看他，吕受益在接受清创时，一边示意妻子和程勇出去，一边顺手拿起毛巾咬在嘴里。这个时候的配乐充满了悲伤的意味。性格敏感的观众，在看到这一片段时，情绪深受影响，不禁潸然泪下。

人是一种感情丰富的动物，玻璃心的人尤其如此。或者说，他们很容易与别的事物产生共情。不仅仅是人类创作的音乐，很多自然界的声音，都可以被他们视为一种独特的旋律。事实上，很多音乐都是敏感、有才之人从自然界的声音中获得的灵感。

雄浑如那海浪声、风声、虎啸声，清脆如那鸟鸣声、小溪流水声……很多音乐人对声音都很敏感，当然，如果不敏感，他们也创作不出让人喜爱的音乐。在普通人看来是噪音的自然之声，在他们的眼里却是最好的灵感来源。

人们在听歌时，并不仅仅在于听，还在于去感受音乐。

收起你的玻璃心，碎给谁看

感受音乐不是单纯地靠耳朵听，而是靠敏感的心来感受。所谓音乐"感受力"，其实就是人们对音乐中的情感的感知力。感知力强的人，能够全身心地去感受音乐所传递的情感；而感知力弱的人却相反，他们对音乐的欣赏只限于听。

简单来说，音乐就是创作者表达情感的一种载体。无论是谁，身边都会有许多美好的事情发生。即使在很长一段时间之后，这些美好的事情会被淡忘，但是这些美好的事情实际上已经在你的记忆里镌刻了印迹。如果没有东西去拨动它，那么它就会隐藏在你的记忆深处。玻璃心的人在听到美妙的音乐之后，很容易回想起被时间冲淡的往日的美好。

当然，不同的音乐风格、形式、内涵等都会因为听者的感受不同而产生差异性的"共鸣"。玻璃心的人因为心思细腻、情感丰富。所以在听歌的时候，他们往往带着"审美的情绪"。因而他们更容易感知音乐中的美。

玻璃心的人总是很容易在感情方面受伤，在受伤之后，他们会在夜深人静的夜晚，戴上耳机静静地听歌，慢慢抚慰自己受伤的心灵，这是他们和自己、和这个世界的相处方式。

敏锐的感知力，不但是理解一切艺术美的不二法门，也是丰富感情的源泉。我们若想要尽情地感受音乐，甚至是世界之美，就不能"讳疾忌医"，对"玻璃心"敬而远之。而应该正确地理解它，克服它的消极面，从而利用玻璃心好好地感受这个世界，让自己的生活变得更加丰富多彩。

第五章 对美好事物的感知力决定你的幸福度

7. 关注小确幸,而不是大而全的成功

"小确幸"是作家村上春树提出来的,是指"微小而确定的幸福"。在生活中,很多人都喜欢去关注一些大而全的成功事件,而忽略生活中的一些"小确幸"。但越是努力追求成功的人,越是难以得到快乐。

在生活中,很多人在看到别人成功时就心生羡慕,继而要求自己也必须取得这样的成功。玻璃心的人甚至还会认为那些成功的人会看不起自己,然后对自己提出严格的要求,即必须取得什么样的成功,其实这就是所谓的大而全的成功。

例如,有一个销售员,每天都兢兢业业地工作,三餐不定,四处求单,结果使得自己身心疲惫。看着周围的人一个个都红光满面,幸福美满,销售员的内心很是煎熬。他在偶然间得到了一个店铺,认为自己获得了大展拳脚的机会。

于是他每天忙着梳理门店的销售流程,锤炼销售话术,增强团队活力及销售能力。然而,虽然每天忙忙碌碌,但却没有取得太大的效果,门店的生意依然不如意。他不但没有取得成功,反而将自己累病了。

其实,这是因为自身能力和环境的限制。追求大而全成

收起你的玻璃心，碎给谁看

功的人往往很难在短时间内取得像别人那样的成功。因此，他们给自己的压力越来越大，将自己困囿在不幸福的牢笼之中。在纷繁复杂的生活中，或许我们不能在学习或者事业方面取得大的成就。但若仔细观察，我们就能够发现，生活中有太多被我们忽视的小确幸。

村上春树曾经列举过很多他的小确幸，比如，在白色的纸糊拉窗上描绘树叶的影子；在鳗鱼餐馆，在等待鳗鱼的时间里独自喝着啤酒看杂志；一边听勃拉姆斯的室内乐，一边凝视秋日午后的阳光；闻刚买回来的"布鲁斯兄弟"棉质衬衫的气味和体验它的手感……其实，这些小确幸，我们也可以拥有。

比如，在晚上散步时，想要买东西，却没有带钱包，正失望时，一摸口袋，正好有几块钱，刚好是买东西的金额；电话铃忽然响了，打电话的人正好是你想念的人；早晨起来，发现还能够再睡10分钟；突然收到了多年未见的好朋友发来的信息，约你一起吃饭；心仪已久的东西，这几天恰好搞活动降价了；早上起床晚了，快要迟到了，结果一路绿灯……

这些生活中我们司空见惯的小事情，通常可以给我们带来短暂的快乐。但很多人往往会忽略，感受不到这些生活的细枝末节带给自己的平凡的快乐。一旦我们开始发现这些隐藏在生活中的稍纵即逝的美好，我们内心就会感到前所未有的充实而宁静的美好。

第五章 对美好事物的感知力决定你的幸福度

在生活中,一些人会因为一顿美味的午餐而感恩,会因为一件小礼物而感动,会因为喝到一杯暖暖甜甜的奶茶而开心……而有些人却认为这样很虚伪、做作,其实前者只是因为生活中的一些小确幸开心罢了,哪里是什么虚伪做作,后者不能感受到生活中的小美好,却还喜欢凡事上纲上线。

从上文我们可以发现,玻璃心的人的情绪很容易受到外界影响,而且非常在意身边发生的事情。而正因为如此,他们才比一般人更容易感受到生活中的小确幸,并为这些小确幸而感到快乐。

村上春树曾经说过:"如果没有这种小确幸,人生只不过是干巴巴的沙漠而已。"我想没有人会希望自己的生活只是干巴巴的沙漠。

王丽和林璇是好朋友,但两个人的性格完全不同。林璇一心追求自己的事业,每天加班加点地工作,跑业务,喝酒陪客户。而王丽则找了一份自己喜欢的工作,每天开开心心地工作。下了班便去看看电影,和同事聚聚餐,做一顿美味的晚餐犒劳一下自己……

两人偶尔会一起聚餐,彼此聊聊工作、聊聊生活。因为林璇工作的原因,他们聚得并不频繁,两人经常好长时间不见面,而这次,正好林璇的上个单子签成了,于是两人约着一起逛街。

刚见面,王丽就吃惊地问道:"阿璇,你怎么看起来这

收起你的玻璃心，碎给谁看

么憔悴？"

"还不是上个单子闹的，那个客户太难缠了。"林璇不开心地说道。

确实，两人站在一起，差别实在太大了。王丽看着恬淡而快乐，林璇脸上却挂着两个大大的黑眼圈，看着很是疲累的样子。

"阿璇，钱是赚不完的，我觉得你需要好好休息休息了。"王丽担忧地劝道。

"只有业务水平达到了一定的标准，才能够升职加薪，我一定要在今年升职。再说了，像你这样每天平平淡淡的有什么意思。"

"可是我过得很开心呀。"王丽小声地反驳了一句。

其实，小确幸与其说是小而简单的幸福，不如说是人们对于生活的一种态度，是人们对生活中那些小幸福的感知。一个人如果可以敏锐地感知幸福，那么，即使他的生活中发生了一些不幸的事情，他也不会因此而痛不欲生，而是仍可以在小确幸中找到些许快乐。如果一个人没有感知幸福的能力，那么，即使拥有很多，他依然会觉得不快乐。

在生活中拥有玻璃心不但不是让你自卑的原因，反而是一件你可以引以为豪的事情。当你拥有玻璃心之后，你就会敏锐地发现，其实生活中还有很多值得你高兴的事情，从而改变你对生活的态度。

第六章

学会拒绝,设置底线 隔离伤害

第六章　学会拒绝，设置底线隔离伤害

1. 学会对他人的越界行为说"不"

毕达哥拉斯曾经说过："最短、最老的字——'好'或'不'——需要最慎重的考虑。"的确如此，在生活中，"不"这个字眼，是最难说出口的。对于别人的一些无礼要求，答应吧，折磨的是自己，拒绝吧，又不知该如何开口。因为一旦拒绝的方法不妥当，就很可能得罪别人。

尤其是玻璃心的人，在拒绝别人的时候，能够敏锐地感知到对方不满的情绪，害怕得罪对方，或者说为了面子，很不愿意拒绝对方的要求。

《有事您说话》是郭冬临饰演的一个非常好玩的小品。在小品中，郭冬临扮演的是一个敏感、好面子的男人，在领导、同事、朋友找他帮忙的时候，他总是拍着胸脯说没问题。即使这些要求已经超越了朋友的界限，也超越了他本身的能力。甚至有时候，在别人开口寻求帮忙之前，他就会先来一句口头禅："有事您说话！"

收起你的玻璃心，碎给谁看

在一开始，郭冬临扮演的角色声称自己在火车站有关系，可以帮助同事和领导买卧铺火车票。其实，那些车票都是他自己连夜排队买来的。在给对方火车票的时候，因为郭冬临的一句话，对方又提出了再买3张火车票的请求。

后来，单位的领导需要买铁皮，认为郭冬临有关系，于是就找他帮忙。碍于面子，郭冬临依然硬着头皮答应了。

很多时候，不好意思拒绝别人的要求，就是因为太在乎自己的面子。在这个复杂的社会中，没有谁可以保证自己永远不求别人帮忙。人与人之间，正是因为"你帮我，我帮你"，才越来越和谐、亲近。

但是，帮助别人一定要在合理的范围内，是自己力所能及的。一旦超出自己的能力，或者说对方得寸进尺，提出无礼的要求，那么我们就要学会拒绝。在生活中，玻璃心的人很在乎别人对自己的评价，有时候为了维护面子，他们会不顾自身的能力、需求和感受，违背自己的真实意愿，去做一些力所不能及的事情来满足别人的要求。

我们要勇于对他人越界的行为说"不"。当然，在被拒绝时，对方的心里多多少少都会对我们心生怨恨，对于我们所说的每句拒绝的话都会十分敏感。此时，如果我们的拒绝方式不得体，对方就会觉得我们太不近人情，进而会慢慢疏远，甚至记恨我们。

但如果我们对所有的事情都来者不拒，只是想着怎么去

第六章 学会拒绝，设置底线隔离伤害

迎合对方，让对方感到满意，我们的人生就会变得越来越糟糕。因为，当我们违背内心的真实感受，答应别人的请求时，内心就会积累许多怨气，而随着怨气的不断积累，我们终有一天会在默默忍受中爆发。

我们需要有技巧地拒绝别人。学会拒绝别人，才能让他们看到我们的原则和底线，他们以后也就不会动不动就毫无底线地来找你帮他们做他们自己也可以做到的事情。我们在与他人相处时，互相之间的沟通既要柔和又要有底线、有原则，这样才能让彼此恰到好处地沟通和交流，而不越界。

一位著名的女舞蹈家看过语言大师萧伯纳的文学作品后，被他的才华所折服。在一次舞会上，女舞蹈家对萧伯纳说："亲爱的萧伯纳先生，如果我们俩能够结婚，那对于我们的后代和优生学来说是一件非常好的事情。你想想看，将来我们生的孩子拥有你那样的智慧和我这样的外貌，该是多么完美啊！"

萧伯纳笑了笑，说："可是你要知道，一切皆有可能，万一那个孩子只有我这样的容貌和你那样的智慧，那可是非常糟糕的事情！"

这个女舞蹈家知道萧伯纳拒绝了自己，就悻悻地走开了。但从那以后，她更加尊敬萧伯纳，并成为了他忠实的书迷。

其实，在很多时候拒绝别人并不一定会引起对方的不

收起你的玻璃心，碎给谁看

满，反而会让对方对你肃然起敬，觉得你是一个有原则的人。即使对方当时不满，也可能只是一时气盛，而不会真正地记恨于你。所以，玻璃心的人并不需要为了不伤害别人就事事都答应别人，这样只会让自己陷入进退两难的境地。

当你想拒绝别人时，如果不想伤害到别人，可以以幽默、委婉的语言拒绝。幽默往往会让对方在明白我们拒绝之意的同时，又不那么难堪，这样以后就还有继续交往的可能。

转移话题是我们很常用的一种拒绝方法，在别人向我们提出请求，我们不想接受时，就可以假装没有听见，将话题转移到其他方面。这样的话，那些情商不那么低的人就知道我们是在拒绝他，他们就不会再继续提出请求，我们也就不用为因拒绝别人，让别人尴尬、伤心而担忧了。

说话留余地也是一种充满情怀的拒绝方法。这种方法可以给彼此留下回转的余地，比如，在拒绝他人时，可以说"我暂时还帮不了你""我现在实在没有时间来回答"等，让对方觉得我们还是有可能接受他们的要求的，只是时间不方便而已。这样就可以既拒绝对方，又不会得罪对方。

当然，拒绝总是不讨好的，无论我们拒绝时有多礼貌，有多高明，对方总会因为我们的拒绝而感到不舒服。这时我们可以在拒绝对方后，提供给对方一个可行的解决方案，从而让对方在心理上获得安慰，减少因为被拒绝而产生的不满情绪，这样我们就能在拒绝对方后，在他们心里留下乐于助人的好印象。

在拒绝别人时还能照顾到他人的感受，也是对自己情商的一种提高。当我们拒绝他人以后，还能让对方对自己拥有很多好感时，我们就离成功更近了一步。

2. 不过度负责，避免吃力不讨好

有责任心，敢于承担，是一件非常好的事情。正因为人们有了责任心，社会才会变得越来越好。但是凡事都要有一个度。如果超出了自己的责任范围，你的过度负责反而会给别人造成麻烦。这就是我们常说的"吃力不讨好"。

在生活中，谁也不能保证自己不犯错。如果犯了错误，勇于承担相应的责任，并且可以及时改正，那么犯错还是可以被原谅的。我们可以对自己的错误负责，但没必要去承担别人犯错所带来的后果。有些人总是非常在乎别人对自己的看法，因此，为了博取他人的好感，无论是否是自己的错误，他们都会先将责任揽到自己身上。有时候，这样的行为不但不会让对方意识到自己的错误，而且还会纵容他们推卸责任。

王晴刚走出校园，踏入职场。为了能和同事和睦相处，

收起你的玻璃心，碎给谁看

在每次工作的时候，王晴都抢着做。有一次，王晴和同事共同负责一个项目，同事粗心，使得某个计算出现错误，导致方案没有通过。

因此，经理很生气，将两人训斥了一顿，并让他们分析错误原因所在。王晴向经理解释道："是我粗心，没有将数据算清，才导致同事出错。"

经理听后，对同事说道："王晴是新人，你可是公司的老员工了，怎么还能够犯这样的错误？而且还将责任推给了新人。下次再出错，公司就要处罚了。"

王晴的同事听了经理的话后，认了错，但是在这件事情之后，就再也没给过王晴好脸色，还和别的同事议论王晴，说她做事当面一套背后一套，向上司打小报告。

王晴万万没有想到，自己出于好意将责任担下来，不但没有得到同事的感激，反而被更多的同事排斥和远离。

在人际交往中，人们最经常扮演的两种角色是：付出者和接受者。人们很容易陷入这样一个误区：认为只要付出得多，就能够获得别人的好感。所以，对于别人的请求他们往往都会答应，甚至是抢着帮助别人。但是，这样只会给别人留下一个"老好人"的印象，其实他们并不会真正地尊重你，而是会将你的帮忙当成理所当然，一旦有一天你不愿意再帮助他们时，他们便会记恨于你。

良好的人际关系是建立在平等、尊重的基础之上的，付

第六章 学会拒绝，设置底线隔离伤害

出与接受相辅相成才能够在人际关系中游刃有余，才能使彼此在真诚中互帮互助。

在生活中，我们每一个人几乎都扮演了多重角色：父母、子女、妻子、丈夫、朋友、领导、下属……而每一个角色都有相对应的责任。在每一个角色中，我们只需要做好自己的事情就好，不需要对别人的生活指手画脚。

曾经有人说过："不了解别人的人生，就不要随便指手画脚，即使你是出于好心。"换句话就是说，别人的人生不需要你去负责。玻璃心的人从来不会去干涉别人的人生。因为他们懂得随意对别人的事情指手画脚，只会让对方感到难堪。

王梅是一家公司的小职员，公司里有个女同事王姐是独身主义者。已经快要三十岁了，还没有男朋友，公司里的同事经常劝她，赶紧将自己嫁出去，再耽搁，恐怕就只能找个人凑合了。

听了这些话，王姐很生气。

有一次，公司聚餐，大家在酒酣之际又谈到了家庭这个话题。有一位同事说道："这年纪越大的人，越懂得家庭的重要。起码，回家有个人相伴。某某，你年纪也不小了，该成家了。"旁边还有别的同事附和。

就在气氛越来越尴尬的时候，王梅说道："这姻缘天定，缘分不到，强求不来。而且，人家都说越是后面的菜越香。

收起你的玻璃心，碎给谁看

王姐的白马王子，肯定在某个地方等着她呢。"

王姐听了王梅的话，认同地点了点头。酒桌上的气氛，终于又活跃了起来。

很多时候，你对别人的事情指手画脚，只会让别人觉得你是多管闲事。这样的人，不管在哪里都会惹人厌烦。每个人都有自己的傲气和骨气，做得不好，旁人可以提出来，但决不能在别人做事的过程中吆五喝六地说教。对别人指手画脚并不是在帮助对方，而是在显示自身的权威和权力，这样做除了会激发对方的逆反心理，使对方产生抗拒之外，并不能起到正面的作用。

这样的事情经常会发生在职场上。职场上总会有老员工和新员工。一些老员工有时候自恃资历，喜欢对新人的工作进行"临场指导"。这其实是一种令人厌烦的行为。没有人会喜欢在自己工作的时候，旁人随意插手。这种行为是对他工作能力的质疑，很容易打击他的工作积极性。

凡是能够在职场上做出一番成就的领导者，对于员工的工作情绪往往都很敏感。他们将工作布置下去，只要员工不出大的错误，他们就不会对员工的工作指手画脚，而是给他们足够的空间，让他们的能力得到充分的展现。

沈海是一家货运公司的经理，在刚升职的时候，决心大干一场。无论下属做什么事情，他都会插一手。一个月下来，公司的业绩不但没有提升，反而还有很多员工对沈海产

第六章 学会拒绝，设置底线隔离伤害

生了不满。

这样一来，沈海渐渐对自己的能力产生了怀疑，不知道如何是好了。上司看到沈海茫然的样子，于是点拨了沈海几句："你现在已经是经理了，不需要事事自己出手，重点是管理好员工。只要他们不出错，就不用每天花大量的时间来盯着他们工作。"

听了上司的话，沈海若有所思。在接下来的工作中，沈海学会了放权，这样下来，不但工作没有出什么差错，员工的积极性也提了上来，业绩蒸蒸日上。

无论是在生活中，还是在职场上，不对别人的事情指手画脚就是最好的修养。玻璃心其实是很多人的优点。因为有一颗玻璃心，我们才能够敏锐地感知人们对于别人的指手画脚所产生的不满情绪，进而才会收敛，从而营造良好的人际关系。

3. 拒绝别人要顾及别人的自尊

拒绝，是生活中非常常见的行为。同样是拒绝一件事情，是否顾及对方的自尊，得到的结果是完全不同的。

"拒绝"这个词，本身就带有伤害的性质。尤其是当对方抱着一番好意来找你时。比如说，同事想要拉近与你的感

收起你的玻璃心，碎给谁看

情，约你一同聚餐。但是，忙了一天工作的你很累，只想回家好好休息。如果你不顾对方的自尊，直接冷言拒绝，就会伤害与同事之间的感情。

每个人都有自尊，每个人都害怕被别人拒绝。正所谓"毁灭别人，只要一句话"，如果我们在拒绝别人时，伤害了别人的自尊，就会让对方产生不满的情绪，严重时甚至还会招对方记恨。

人们为了自己的尊严，会做出什么事情是难以预料的。那么如何才能在拒绝别人时，顾及对方的自尊心呢？

"现在电话销售让人烦不胜烦，你都不知道他从哪里知道了你的电话。"刘静气呼呼地，还没等对方说几句话便将手机挂断。"李姐，你说这些人是不是很烦人？"

李姐笑了笑，说道："以前我也是这么觉得的，直到自己做了电话销售之后才逐渐理解他们。有一次电话刚接通，还没等我说完一句话，便被别人挂断，那种自尊被人踩在地上的感觉，这辈子我都不想再体验第二次。"

李姐本来就是一个性格比较内向的人，第一次好不容易鼓起勇气打电话，却被人生硬地挂断了，这让她深刻体会到了电话销售的不容易。

李姐顿了顿，接着说道："所以现在不管是打电话找我买房子的，还是买保险的，即使我不买，我也会将对方的话听完，然后将自己的意思告诉他，再挂断电话。这样虽然拒

第六章 学会拒绝,设置底线隔离伤害

绝了对方,但温和的态度不至于让对方心中太难受。"

李姐意味深长的话让人深思。在生活中拒绝他人时,伤害他人自尊的例子数不胜数。就像别人想要请你吃饭,你直接说不去,连个解释都没有就转身离去,丝毫不顾及别人的好意和尊严;朋友最近经济紧张,想要向你借一点钱周转,你一句"没有",就像一巴掌狠狠地打在朋友的脸上,使得以后连朋友都没得做;有人喜欢你,热烈地向你告白,你一句"长得这么丑,还敢说喜欢我",就将对方的自尊踩在脚下……这样的心直口快不是你个性爽朗的体现,而是不顾及他人感受的鲁莽行为,这只会让你的人际关系越来越紧张。

对于人们而言,玻璃心并不是一个缺点。相反,在很多时候,拥有玻璃心的人更会体谅别人。因为害怕伤害到别人的自尊,他们在拒绝别人时,往往会委婉地表达自己的意思。

"面子"二字,是人际交往的雷区。没有人会不爱惜自己的面子。我们伤害别人的自尊,就是让对方丢失了面子。

玻璃心的人往往对他人抱有善意。在对对方说"不"的同时,他们会尽量保留对方的面子,避免让对方尴尬和受到伤害。因此,他们拒绝别人时,往往会采用幽默、委婉的方式。

比如说,著名作家钱钟书先生,在委婉地拒绝别人时,常常妙语连珠。有一次,有人送给他一笔高额酬金,他莞尔

收起你的玻璃心，碎给谁看

一笑："我都姓了一辈子'钱'了，难道还迷信钱吗？"

钱先生是不想要这笔高额的酬金，但如果直言拒绝，不但会拂了对方的好意，还会让对方失去面子，下不来台。

而钱先生说"我都姓了一辈子'钱'了，难道还迷信钱吗？"这样一句幽默的话，在表明自己的意思的同时，又给大家带来欢乐，不让别人注意其中的"拒绝"，从而让对方的面子得以保全。即使旁人知晓了这件事，也不会对他产生任何负面的看法，可谓高明。

当然，这只是其中的一个办法。在生活中，其实有很多办法可以在不伤害别人自尊的情况下，达到拒绝对方的目的。

刘欣是一个很漂亮的女孩，平时受到很多位英俊多金男士的追求。赵叶是刘欣众多追求者中的一个，他人长得普通，而且也不是特别有钱，只有一份稳定的工作。但是他对刘欣倍加呵护。

刘欣虽然舍不得这份温情，但是也知道，如果不想和他在一起，还藕断丝连地享受这份呵护，对于赵叶来说是不公平的。于是，她找了一个合适的时间，将赵叶约了出来。

刘欣对赵叶说道："赵叶，虽然你对我很好，我也觉得你是一个好人，但是我觉得咱们两个不适合做恋人，更适合做朋友。"在不伤及对方自尊的情况下，刘欣将事情和赵叶说明白了。

如果我们想在拒绝别人时，不使对方心生怨气，那么我们就要表现出足够的苦衷，让对方明白：你也看到了，"不是我军无能，实是敌人太强"，拒绝你是没办法的事。这样，对方即使心中不满，也不会因此记恨于心。

在拒绝别人时，我们不但要注意方法，也要注意场合。玻璃心的人会在拒绝对方之前给对方一个提示，将其约到安静的地方，把事情说明白。毕竟你的拒绝已经很让对方伤心了，若是还在人多的地方，就真的是将对方的自尊踩在地上了。

4. 无声拒绝，让别人心领神会

玻璃心的人害怕被拒绝，同样也不善于拒绝别人。面对别人的请求，即便内心一万个不愿意，也不知道如何开口，最后只得假装乐意帮忙。

其实，拒绝并不一定要能言善辩，有时候沉默就能帮助你传递"不"的态度。

王亮的朋友来找他一起吃饭，酒酣之际，两人越说越高兴。直到快要结束的时候，朋友才吞吞吐吐地讲明了来意。原来，朋友之前做生意赔了，资金有点儿周转不开，想要和王亮借一些钱应应急。

收起你的玻璃心，碎给谁看

朋友向王亮保证道："你放心，过段时间，只要我的资金一回笼，就马上还给你。"

王亮明白朋友的难处，但是现在自己手里确实没有钱，又害怕直接拒绝朋友，会伤害两人之间的感情。

于是王亮说道："虽然我很想借钱给你，但是……"之后，王亮就沉默了。

朋友看到王亮这个样子，便明白了他的言外之意，谅解地说道："都不容易，我去问问别人那里有没有。"

"等我周转开了，一定帮你的忙。"王亮松了一口气，紧接着说道。

在很多时候，如果不好意思直接拒绝别人，不妨以沉默相对。适当的沉默不但可以帮助我们远离一些不愿意干涉的麻烦事，而且还可以让对方在静默中体会我们难以言喻的苦衷。

程莉是一个性格比较内向的女孩，很不喜欢和别人交往。刚进入公司时，程莉很担心因为自己的性格受到同事的排斥，成为局外人。

但是，在一段时间之后，程莉发现，同事们都很善解人意。在遇到自己不想做的事情时，即使自己不说话，对方也能够明白自己的意思。

有一次，公司的同事晚上约她去酒吧玩。程莉不太喜欢这种热闹的场合，但由于是同事第一次约她，程莉也不知道

第六章 学会拒绝，设置底线隔离伤害

该怎么拒绝才好。而且她也想不出巧妙的拒绝语言，来告诉对方不想去的态度。于是她开始保持沉默。

同事说道："晚上有事不方便吗？不方便下次也可以。"

程莉点了点头。于是同事便走了。

公司同事小李在每次工作时，都喜欢去找别的同事帮忙。有一次，小李想让程莉帮忙做一份报表，还说反正程莉也在做报表，正好顺便帮他做了。

而此时，程莉手里的工作还剩下很多，根本没有时间帮小李做。于是，她专心地做自己的工作，没理会小李。小李站了一会儿，发现程莉没有回应，就讪讪地走了。

在很多时候，如果我们不想做某件事情，就可以不给予对方回复。而且，这种沉默拒绝对方的方式，非常适合不善于交际的玻璃心的人。通过这种方式，不但能够达到自己拒绝的目的，而且还可以避免直接拒绝带来的尴尬。

当然，用沉默去拒绝别人是一件非常方便的事情。但并不是所有的事情都适合沉默以对。而且，如果你总是不分时机地用沉默去拒绝别人，难免会给别人留下一个孤僻、难以相处的印象，久而久之，别人就会选择远离你。而这对于营造良好的人际关系而言，十分不利。

玻璃心的人不但善于用沉默去拒绝对方，而且也能够照顾对方的情绪，在合适的时机，委婉地表达拒绝的态度。并且，他们并不会一味地拒绝对方，而是会适时地照顾对方的

情绪,因此,他们往往都会拥有好的人缘。

拒绝,其实是一件让人难受的行为。因为对于被拒绝的人而言,完成某件事情的希望又少了几分。如果经常被人拒绝,那么这个人很容易丧失对生活的信心。

每个人融入社会才能够生存得更好。在生活中,我们可以用沉默来拒绝别人的一些不合理要求。但是,对于某些可以帮忙的事情,我们可以及时地给予帮助。这样才能够维护彼此之间的感情,在自己遇到困难时,才会得到别人的帮助,而不会显得太无助。

5. 用肢体语言做出拒绝的姿势

在很多人的印象中,玻璃心的人是不善于言辞的。这在复杂的人际交往中,十分不利,同时也会给自己的生活带来诸多不便。在与人交往时,你可以通过一些肢体语言来表明自己拒绝的态度,给对方留足面子,那么,在人际交往中,你就会如鱼得水。

比如说,某个深夜,忽然有个朋友来到你家,想和你一起喝酒,但你只想休息。因为和朋友的关系很好,你又不好意思直面拒绝。这个时候,你便可以频繁地看表,以此委婉地向对方传达"已经很晚了,该休息了,我们可以散了"的

第六章 学会拒绝,设置底线隔离伤害

意思。

研究表明,在与人交流时,每个人都会产生表达性的肢体语言。如果我们可以熟练地运用肢体语言,就可以在不得罪对方的情况下,拒绝我们不想做的事情。

或者说,通过敏锐地感知并解读他人的肢体语言,明白对方真正的意思,从而和别人建立更好的关系。

王敏最近烦不胜烦,她有一个朋友最近在恋爱中遇到了一点儿小问题,和男朋友闹了矛盾,总是喜欢来找她倾诉。

王敏上了一天的班,已经很累了,实在没有多余的力气去解决朋友的那些小烦恼。但是,又不能直接拒绝对方。这不,王敏的朋友今天又来找她了,并且还说在王敏家过夜。

王敏不好意思开口拒绝对方,于是便一直看着对方,直到对方不好意思再继续说下去。几分钟之后,王敏的朋友终于和她告辞了。王敏这才收拾好,早早地休息了。

在很多时候,当我们不好意思明确地拒绝对方时,如果能够眼神柔和地直视对方的眼睛,将视线与对方等高,透露出犹豫不决的心情,对方通常会明白你的意思,在对视一段时间之后,他们就会转移话题,不再提出请求了。即使对方没有收回请求,因为你的直视,他们的气势也会变弱,从而更便于你说"不"。

在很多时候,我们可以看到,许多成功人士都有一种强大的气场,尤其是在与人谈判的时候。如果对合作不满意,

收起你的玻璃心，碎给谁看

坐着的时候，他们往往会上身保持稳定，然后微微后倾，做出一副拒人于千里之外的姿态。在生活中我们也可以利用这种肢体语言来拒绝别人。

赵伟有时候会在下了班之后和同事们一起去喝一杯，从而放松心情，加深与同事之间的感情。不过，最近有个同事经常在聚餐的时候，向大家吐苦水，使下班的放松时间成为他个人倾诉烦恼的时间，赵伟十分厌烦，就渐渐减少了和同事们的聚餐次数。

在拒绝同事几次之后，几个同事亲自来请他。

"赵哥，怎么最近几次的聚会你都没有来啊。没了你，哥们几个喝酒都没意思了。"

"就是，赵哥，今天晚上一起去聚一下吧。"

赵伟仍然拒绝了，说自己今天晚上另有事情。几个人不罢休，纷纷上来劝说。赵伟烦不胜烦，于是身体向后微倾，将身体、膝盖、手等部位放在背离对方的方向，坚定地表示了自己的态度。

几个同事看到赵伟明确的拒绝行为，也不好再勉强他，便一起走了。

当你想要拒绝对方的时候，可以全身保持稳定，表明你话语中的专注和安定感。然后可以将身体微微后倾，并将身体、膝盖、手等部位置于背离对方的方向，向对方暗示你"拒绝"的态度。当对方接收到你的信号之后，便不会再继

第六章　学会拒绝，设置底线隔离伤害

续纠缠你。

在生活中，有的人并不将拒绝别人当回事儿。他们认为，拒绝自己不想做的事情，是理所当然的，可以不考虑他人的感受。相反，也有人为了获得别人的好感，一味地去帮助别人，反而让别人觉得他的帮忙是理所当然的，不需要对其心存感激。

人际交往中，没有人会希望出现这样的情况。玻璃心的人，因为同理心，经常可以照顾到别人的感受。他们也不会一味地去帮助别人，但可以在拒绝别人时，照顾到别人的感受。

最近经常有人到王云家推销保险，很让她烦恼。但是王云明白，保险这个职业也不容易，因此，在他们上门的时候，王云并没有直接将他们赶出去，而是在与他们交谈的过程中，一会儿交叉抱胸，一会儿看手表，一会儿给对方倒水。频频动作使对方感知到，王云对保险并不感兴趣。

他们于是笑着说："打扰了"，就起身走了。

用肢体动作来表达拒绝，其实并不复杂。玻璃心的人通常心思都比较细腻。因此，在与人交往的时候，他们不仅可以敏锐地感知他人情绪的变化，而且还可以敏锐地察觉他人小动作中透露出来的态度。因此，即使对方言笑晏晏，他们也能够通过一些小动作来感知对方拒绝的态度，进而及时做出正确的反应。

收起你的玻璃心，碎给谁看

在生活中，其实肢体动作不仅可以用来表示拒绝，而且还可以表达其他丰富的感情。如果你是一个玻璃心的人，那么，不妨多去了解一些肢体语言，从而为建立良好的人际关系奠定基础。

6. 在拒绝前，要找到替代方案

罗伯特在《影响力》一书中曾经讲到一个"互惠法则"，详细解说了"说服别人采取行动时，可以先尝试给对方一点好处"这一命题。这个法则，同样适用于你需要拒绝别人时。

玻璃心的人在拒绝别人时，往往会担心得罪对方。如果在拒绝别人时，可以帮助对方找到问题的替代解决方案，那么对方不但不会记恨你，反而还会对你心存感激。

罗明的公司新来了一个职员王文，经理指示由罗明来带他。王文是一个非常上进的人，每天勤勤恳恳地工作，因此，罗明很看好他。

但是王文有一个坏习惯，一遇到不懂的事情，不多加思考就向罗明寻求帮助。在一开始，罗明还积极地帮助他。时间一长，罗明心中就有些不耐烦。但王文还是如此，没有丝毫的改进，这种情况不但阻碍了自己能力的提高，还耽误了

第六章 学会拒绝，设置底线隔离伤害

上司的工作。

如果直觉拒绝王文，罗明担心会伤害到他的自尊心。经过深思熟虑之后，罗明对拿着问题来寻求帮助的王文说道："其实这个问题并不难，咱们公司的资料里，就有这个问题的解决办法，你不妨去找一下看看。咱们公司最需要的，就是那些能够独立解决问题的人。到时候如果你还没有找到，可以再来找我。"

在自主解决几次问题之后，王文对于工作越来越了解，逐渐可以独当一面了。

玻璃心的人认为，拒绝别人是一件很困难的事情，很难说出口。面对别人的请求，他们往往会陷入两难的境地。他们担心，拒绝对方会得罪对方。但是，若一味地帮助对方，则又会给自己的生活造成烦恼。

在拒绝别人时，可以给对方一个可行的解决方案。虽然不能彻底解决对方的问题，但是一旦对方有了解决的思路，就不会再纠结"你没有帮助他"这件事情了。在生活中，我们常常强调"独立解决问题"。如果一遇到困难，就找别人帮忙，你的能力是很难得到提高的。

如果你一味地去帮助别人，而对方能力一直没有得到提高，最终被残酷的社会淘汰，那么你的帮助是毫无意义的。

所以说，拒绝并不是一件坏事。我们并不是不可以去帮助对方，而是说我们在帮助别人时，要分辨出哪些事情是自

收起你的玻璃心，碎给谁看

己力所能及并且是对方迫切需要帮助的。玻璃心的人可以敏锐地感知别人的情绪。所以，对于那些迫切需要帮助的人，他们往往会伸出援助之手。

玻璃心的人往往可以急他人之所急，比如说，朋友的家人生病住院了，向他借钱救急。他会毫不犹豫地借给对方，以帮助对方解决燃眉之急。但是，如果说你的朋友向你借钱，只是来满足他的物质生活，有一就会有二，时间久了，他会将你当成长期饭票。

在拒绝别人时，很多人心中都会产生内疚感，玻璃心的人更是如此。尤其是在看到对方被拒绝，脸上充满失望的神色时。如果超出了自己的能力不得不拒绝对方时，给对方指出另一种解决思路，可以在很大程度上缓解自己的不适感。

汪洋的朋友最近和女朋友分手了，心情很不好，每天都会拉着汪洋去喝酒，借酒消愁。等酒喝到差不多的时候，就会反复地和汪洋说他和女朋友恋爱时发生的事情。

看到哥们这么伤心，在一开始汪洋会尽心地陪着他喝酒，安慰他。但是，接连小半个月都是这样，汪洋身心有点儿受不了了。每天晚上很晚才回家，严重影响了第二天的工作。但看着哥们伤心的样子，汪洋也不好意思直接拒绝他。

尤其是两个人的感情很好，在对方如此伤心的时候拒绝他，汪洋的心中也不好受。于是，汪洋劝他道："你这天天喝酒，对身体也不好啊。"

哥们忧郁着一张脸，说道："伤心啊。"

汪洋继续说道："你这成天伤心，难受的还是自己，对方又看不见。人们常说，治疗情伤只有两个办法，一个是时间，一个是另一段爱情。如果你想忘了她，那么就去找个人谈恋爱吧。"

哥们一听，觉得汪洋说得有道理。于是就重新整理心情，整装待发。汪洋帮助哥们重新找到了生活的目标之后，也有了自己的时间。

研究发现，"不"是人们生活中最难说出口的一个字。这不仅因为拒绝会让对方失望，还因为在拒绝时产生的不满情绪蔓延之后，很容易让我们的心中产生负疚感。而当你找到了替代方案之后，就可以帮助对方解决燃眉之急，减轻自己的负疚感，可谓是两全之法。

与人交往时，玻璃心的人不用为了面子，勉强自己去做不想做的事情。当难以拒绝对方时，不妨先想出一个可行的替代方案，然后再拒绝对方。

7. 心理测试：你能正确处理彼此的关系吗

在生活中，我们常说："朋友多了路好走。"但是，人与人之间的交往是复杂的。有时候，一个人上一刻还和你交

收起你的玻璃心，碎给谁看

好，下一刻就可能和你翻脸。在你帮助他的时候，他可能对你笑面相迎，当你拒绝他的时候，他立马就会冷漠以对。

人际交往，无疑是一门非常复杂的学问。你能够正确地处理与他人之间的关系吗？我们不妨先来测试一下。

测试题目：

（1）当他系着不合适的领带很骄傲地对你说："这条不错吧！"这时你怎么回答？

明确地表示，没气质——2

笑而不答——4

说："不错是不错，不过上次那条更好看。"——8

（2）有人在一个男人的背后贴上了一张写有"混蛋！色狼！"的纸条，那个男人没有注意到，这时你会怎么做？

趁他不注意把纸条取下来——8

提醒那个男人"××先生，请脱下西装看看。"——4

默不作声，就像没有看见一样——2

（3）当你和男朋友交往时，父亲劝你"不可以跟那种男人交往，马上分手！"这时，你会怎么说？

"可是……他是个很好的人，希望爸爸能了解他。"——8

"爸爸，你不要管我，我自己会负责。"——3

"知道了，我会好好考虑一下的。"——5

（4）约会时，当他因为很无聊而保持沉默时，你会说？

"回去吧！"——3

"怎么啦？心情不好？"——8

"不去旅馆吗？"——4

（5）在结婚典礼的前一天中午，昔日的男友突然出现，对你说："一想起过去，我就想紧紧地抱着你！"并向你提出要求，这时你会作何反应？

答应对方——8

殴打对方并说："不要轻侮我！"——2

拒绝——5

（6）请想一想，你身边的三个朋友谁最有魅力、最受男性欢迎？

不知道——3

自己是最糟的——7

当然是自己——2

（7）"为了友谊，毫不犹豫地牺牲自己的重要目标。"你是否同意这句话？

岂有此理——2

十分同意——7

看情况而定——5

（8）你和同事一起出去吃午餐，一般来说，有几个人和你在一起？

一个——2

最多两个——5

收起你的玻璃心，碎给谁看

起码三个，越多越好——8

（9）如果你的一个同事资历和你一样，工资却比你低，你会有什么感想？

很有优越感——2

对他表示同情或为他抱不平——8

无任何特别的感想——4

（10）你的一位老同学取得了卓越的成就，是社会公认的优秀人士。有一天见到他时，你会怎么做？

赞美他——8

避开他——4

冷冷地讽刺他，表示是他不择手段才取得所谓的成就——2

（11）如果你还没有男（女）朋友，现在要你选一个，你喜欢选何种性格的？

有幽默感的——7

逞强好胜的——2

沉默寡言的——4

（12）你不喜欢男（女）朋友的同事们，如果他们邀请你赴他们的宴会，你会怎么做？

穿最好看的衣服，梳妆打扮好，高高兴兴地赴宴——7

勉强赴宴，强装笑脸——3

拒绝邀请——2

测试结果：

第六章　学会拒绝，设置底线隔离伤害

分数在 26~33 之间：

你似乎天生就缺少同情心，在与别人相处时，总是希望别人更关心你，无论什么事，你总是先为自己着想，而无视对方的立场和心情，当你看到别人有困难时，也不会主动伸出援助之手。在你的心中，自己的事永远都是最重要的，至于他人的事，你才不会去花心思呢！虽然有时你也想学得温柔一点，但一旦遇到具体的事情，你又变得冷酷无情了。因此，你与别人之间的关系总是非常冷淡，也没有朋友，生活得很孤独。

分数在 34~52 之间：

在与别人相处时，你的表现不积极。虽然你自己没有意识到，但你的表现和态度，总给人很阴沉的印象，别人还以为你本身有什么问题。这个时候最重要的是要让人了解真相。善于思考的你，可以说是个很认真的人。但是你要注意，认真过度或者太过严肃，未必能够解决问题，而且一旦真的有事发生，想要帮你忙的朋友看到你那一副阴沉的面孔时，大概也会离你而去了。所以多增加点笑容在脸上吧！这样会使你看起来好得多。

分数在 53~78 之间：

在与别人相处时，你总是犹豫。就像是买东西时，你能将想买的东西很快地挑选出来，但是在付账的途中，如果你又看到了同样的东西，就不知道要买哪一个了。不仅是在购

收起你的玻璃心，碎给谁看

物时，在商场、私人的交际关系上，你也常常如此。

这样的性格，很难抓住与他人发展关系的黄金机会。当然，你缺少决心，也可能是乐天倾向很强造成的，你总认为"用不着现在决定，往后一点点地……"，而将事情拖延了下来。不过，你绝不会是个不善交际的人，而且你有着能与人融洽相处的性格。如果你可以在原有的优点上，再加上一点决心的话，那么你将会变得更好。

分数在 79～92 之间：

你有很好的人际关系，因为你非常善于考虑事情的结果及在意旁人的看法和传言，使得别人在与你相处时，总是能够获得舒适的感觉。但同时，你缺乏行动力。你总是喜欢思考，但却很少动手去做。你常常缺少行动的勇气。

你有极佳的判断力和构想，但当真正碰到问题时，却没有能力将它发挥出来；就算你能表现出你的判断力和构想，你所选择的方法也不对，这或许该归咎于你太过于倾向理想主义吧。你就是被这样的思想所左右："如果那样做的话，是会被大家嘲笑的。"不要这样畏首畏尾的，你应该对自己充满信心。

第七章

停止内耗，走出
情绪漩涡

第七章　停止内耗，走出情绪漩涡

1. 玻璃心的人容易被内耗拖垮

在生活中，说到玻璃心的人，人们就容易想到焦虑、抑郁、多愁善感、担忧、胡思乱想等带有消极意味的词。并且认为这就是玻璃心的人的特质。

其实，这么说也没错。研究发现，玻璃心的人拥有易感体质，长期处于焦虑和抑郁中。这是因为，他们可以敏锐地感知周围的环境，并且因为太过敏感，缺少安全感。我们将这些担忧、焦虑、抑郁……统称为情绪内耗。

很多玻璃心的人都有过这样的经验：

经常会觉得累，面对生活，感受到的压力往往比普通人大，很容易想到消极的事情。有时候会没有方向，即使有了努力的方向，还没等做多少就失去了信心。在很多时候，情绪是组成人这个整体的重要部分。而玻璃心的人又有丰富的想象力，如果长时间处在这些负面情绪中，他们对于未来的态度就总会很消极。长此以往，他们的人生很容易变得灰暗

收起你的玻璃心，碎给谁看

一片。

人的精力是有限的，做积极的事情会得到一种结果，做消极的事情会得到另一种结果。如果将精力过多地消耗在负面情绪中，一直自怨自艾，生活就会变得很糟糕。这就像一个人在爬山一样，如果鼓足干劲，什么都不想，很快就可以爬到山顶。如果刚开始爬山，就对悬崖、崎岖的山路产生恐惧，或者是抱怨自己爬得比别人慢等，就会越想越觉得沮丧、焦虑、愤怒。

实际情况并不会因为这些负面情绪而得到改变，如果你一直被这些负面情绪消耗大量精力，愈加糟糕的心情只会让你更加无力，甚至失去攀登的勇气，变得步履维艰。在攀登人生这座高峰时，如果在遇到困难之前，先被自己的负面情绪拖垮了，那么我们将很难到达目的地。

李菲今年23岁，在她的身上，我们完全看不到年轻人的青春昂扬。就好像她对自己的人生十分不满意，也很消沉，时常处于焦虑之中。

在学校时，李菲和同学们的关系很淡，不太合群。即使是自己宿舍的人，也不亲近。她每天活在自己的小世界中，为学习、考试而发愁。每次到了考试的时候，别的同学都在忙着复习，只有李菲坐在宿舍唉声叹气，担心如果自己挂科了怎么办。

她自己情绪低落也就算了，还影响舍友复习。因此，舍

第七章　停止内耗，走出情绪漩涡

友们很不喜欢和李菲相处。

等大学毕业，进入社会之后。李菲找了一家网络公司实习，刚进入公司，李菲就担心自己如果不能胜任这份工作该怎么办，同事们不好相处该怎么办，自己融入不了这个新环境该怎么办。

本来还很喜欢李菲的同事们，看到李菲身上每天都散发着负面情绪，也渐渐不喜欢和她接触了。尤其是每次他们说话做事，明明和李菲没有关系，偏偏她就认为他们是在议论她。久而久之，同事们就渐渐排斥李菲了。

在很多时候，在玻璃心的人的思维中，如果一件事情达不到自己的预期，他们就会自动陷入自我批判、怀疑中，认为是自己的能力有问题，并经常自责、感到愧疚。

如果一直深陷消极的自我评价中，就会觉得自己什么也做不好，对很多事情失去尝试的勇气，同时，也会十分在乎别人对自己的评价，一旦出了错，他们就会将责任揽到自己身上。在这种对自己极度不认可的状态下，现实和理想就会发生冲突，从而他们就很容易产生焦虑，在生活中变得茫然。

情绪感知，对我们而言非常重要，它在很多时候可以起到保护作用，比如说，恐惧就能够让我们免于直面危险。所以说，玻璃心的人一旦停止情绪内耗之后，就能够找到掩藏在负面情绪背后的优势。

收起你的玻璃心，碎给谁看

那么，玻璃心的人怎样才能停止情绪内耗呢？最常见的方法分为两步：一是识别情绪，一是回应情绪。简单来说，我们只有认知自己的情绪，理解自己的情绪，然后再去缓解情绪，才能够逐渐将其转化为正面情感。

孙露经常被朋友说玻璃心，但是让人惊奇的是，她有非常好的人缘。别人总能够看到她满面笑容地和朋友一起去逛街，或者和同事一起去吃饭。

一提起她，朋友们脑海中就会浮现一个会说话、性格开朗、为人亲和、充满正能量的形象。人们都说与她相处十分舒服。

很多人都好奇孙露的交际秘诀，其实其中的原因很简单，她并不是没有悲伤情绪，而是当一些糟糕的事情发生，负面的情绪来临之时，她可以快速地察觉到，并且可以用最适合自己的方式快速地将这种情绪发泄出来，从而不让自己沉浸在悲伤之中。

当整个人的状态迅速恢复正常之后，孙露便会去做一些让自己开心的事情，尽快将自己的情绪调动起来，从而忘记那些不开心的事情。

长此以往，就形成了良性的循环，而当一个人生活时，也会变得积极很多。

当意识到自己拥有负面情绪时，可以这样对自己说："我知道自己现在因为生活而焦虑，这并不意味着我失去了生活的目标。虽然现在我们没有方案、资源，但我可以上网查资料、求助。现在，可以先降低自己的期待，做好自己能做的部分。"

其实，每一种情绪背后都透露着潜意识信息，玻璃心的人如果能够读懂自己的情绪，在每一种负面情绪来临之时，及时将它们扼杀在萌芽之中，就能够减轻情绪消耗的负累，不被其拖垮。

2. 适当降低自我要求，从而缓解焦虑

对自己严格要求是很多玻璃心的人的特征。他们因为在意别人对自己的看法，力求自己表现得完美，给别人留下一个好印象。一旦犯了错误，他们心中就会产生焦虑，认为自己一无是处。

生活中，我们常说："人非圣贤，孰能无过。"每个人都可能犯错，如果一直对自己要求很高，始终将弦绷得很紧，那么很可能不知道在什么时候就会将其绷断。

焦虑，其实是人们生活中非常常见的一种情绪。下半个月的生活费不多了会焦虑，工作遇到难题了会焦虑，与朋友吵架了会焦虑，早上起床晚了赶不上地铁会焦虑……玻璃心的人，一旦感受到别人对自己不满，或者某件事情最后的结

收起你的玻璃心，碎给谁看

果达不到自己的预期，就很容易产生焦虑情绪。

对自己要求高，并不是一件坏事情，这能够不断地鞭策我们前进。但是，如果要求太高，始终达不到自己的目标，人生始终不如意，那么，焦虑便会始终围绕在你身边。

在很多时候，产生焦虑的原因，就是人们对自己现状的不满意。在生活中，我们经常可以看到一些人抱怨自己生活得不如意，虽然每天忙忙碌碌，却找不到目标。

李青最近对自己的生活状态很不满，他现在已经32岁了，他的朋友、同学很多都事业有成，并且有了幸福美满的家庭。而他现在依然是一个平凡的上班族，为了养家糊口，每天勤勤恳恳，努力工作，而且还要面对巨大的生活压力。

有一次，李青的上司辞职了，公司需要从下面的老员工中提拔一位新经理。李青得到了消息之后，认为自己的机会到了。毕竟，他在公司做了很多年了。因此，除了每天努力工作之外，李青还经常和人事部门的人拉关系。

忙碌了一段时间之后，李青发现公司宣布的经理人选并不是自己。失望之余，李青好像敏锐地感觉到周围的同事在对自己指指点点。甚至，每当同事们聚在一起时，他都认为他们是在议论自己。

因此，李青愈发焦虑，工作上也出现了好几次错误，被新上任的上司说了好几次。

想要追求更好的生活并不是一件错事，这是每个人的生活本能。但是，如果一味地对自己要求很高，一旦不能达到要求，就很容易让人产生悲观心理。尤其是玻璃心的人，他们总可以感受到生活中的各种压力，因此他们内心也更加脆弱。

有时候，玻璃心的人如果可以适当地降低对自己的要求，就可以让自己生活得更快乐。目标的实现并不一定是在大事方面，也可以从日常小事着手。比如说，你每周要求自己必须看完一本书，并且还要做好读书笔记。为此，上班之余，你用所有的时间来看书，但你越逼迫自己，心中便越烦躁。如果一周之内看不完那本书，时间拖得越久，你就会越焦虑。

这个时候，我们不妨降低对自己的要求，将一周的时间放宽为一个月。这样，你不但有充足的时间来看书，而且还可以细细品味书中的深意。

还有一些玻璃心之人，害怕被人评价为无用之人，于是他们每天都会给自己规定要学习多少知识，完成多少工作。殊不知人的精力是有限的，如果将精力过多地放在一件事情上，势必会影响其他的事情。

所谓的降低对自己的要求，简单来说，就是一个人能够明白在合适的时间做合适的事情。鲁迅先生曾经说过："人与人是不同的，有的专爱仰望皇陵，有的却喜欢凭吊荒冢。"我们不需要去羡慕别人的成就，也不需要因为别人的成就，

收起你的玻璃心，碎给谁看

而对自己要求严苛。

迈克·华莱士说："我不知道这个世界上还有没有像我这样幸运的人，从入行起一直非常幸运，遇到了对的人，做了对的事情。"

你为自己树立了一个远大的目标，认为在某一个阶段必须取得某样成就，这其实就是给自己制定了一个无形的"枷锁"。实现目标从小事做起并不丢人，只要你认为自己现在做的事情是对的、对你有益，那么，无论多么微小，它都值得你坚持做下去。因为，只有将微小的事情做好，一步一个脚印，才能够取得成功。

对于玻璃心的人而言，活在当下便是一种很好的生活方式。无论处在什么位置，一旦发现情绪异常，我们便立刻停下来，调整自己的状态和进度，我们才可以时刻保持积极的状态。

有些玻璃心的人给自己制定高要求，其实只是为了让别人高看自己一眼。即使这样的要求会使他们焦虑、恐惧、烦恼，他们也在所不惜。他们担心一旦自己降低了标准，便会被他人耻笑。其实，这种担心完全是多余的。

很多时候，人们更喜欢脚踏实地做事情的人。因为脚踏实地更容易出结果。当人们看到你获得成就之后，就不会再在意你的过程是怎样的。相反，如果你空有远大的目标，而不能脚踏实地地努力，那么你只会让自己陷入焦虑之中，让别人怀疑你的能力。

玻璃心的人，首先需要认清并接受自己的能力，然后给自己制定一个又一个小目标，在不断地达成目标之后，就会发现，原来自己一直完不成的目标，现在在不知不觉中已经完成了。

所以说，玻璃心的人适当降低对自己的要求，不但可以减少自己的焦虑，让自己的情绪得到缓解，而且，有益于身心健康、事业发展。因此，玻璃心的人不需要苛求自己，适当降低要求，反而会让自己健康地发展。

3. 原谅自己的不合群

在生活中，我们经常可以看到这样一个有趣的现象：很多留学回来的人，往往会因为不适应而产生焦躁和痛苦的情绪。这其实是因为他们无法融入国内的工作环境，也就是我们常说的不合群。

不合群这个特性，在很多玻璃心的人身上都能够看到。孤独、孤僻更是很多人对玻璃心的人的评价。比如说，如果某个孩子不与同龄人一起玩耍，很多人就会说这个孩子太敏感了，孤僻、不合群。这样的评价在生活中经常可以听到，无论是在成人身上，还是在小孩子身上。

收起你的玻璃心，碎给谁看

其实这只是一种谬论。曾经在网上看到这样一个经典的段子："为什么总感觉优秀的人不合群？"有人答道："优秀的人也合群，只不过你没在他这个群里！"

当你感到被别人排挤、孤立的时候，不必惊慌。并不是你的敏感让别人觉得你难以相处，而可能只是因为你站错了队伍。

公司有一个职员叫文清，是一位文艺小青年。他喜欢在工作之余来一杯清茶，读几篇诗，写一写抒发心情的文章，而对于同事之间的交际应酬，并不感兴趣。这使他与公司环境格格不入，公司的同事都不喜欢亲近文清，觉得他孤僻，不合群。但即便如此，文清并没有感到苦恼。

有一次，公司的某个项目需要文清和一位同事共同完成。那位同事得到消息之后，大呼运气不好，要和这么一个敏感、孤僻的人一起工作。

但是工作一段时间之后，这位同事就发现虽然文清看起来冷傲，不好接近，但其实他的工作能力很出色。于是他开始放下心结，结果两个人配合得很好，很快就将方案制订了出来。而且方案采纳了很多文清的意见，很让客户喜欢。

从此以后，公司里议论文清的人便少了。

在生活中，很多玻璃心的人都害怕寂寞，担心自己万一因不合群受到他人排挤，从而陷入孤家寡人的境地。莎士比亚曾在《十四行诗》中这样写道："时光，凭你多狠，我的

第七章 停止内耗，走出情绪漩涡

爱在我诗里将万古长青。"每个人都有自己的独特性，敏感就是玻璃心的人的独特之处。

面对自己不喜欢的事情，如果勉强自己必须接受，只会让自己进退两难，或者，强装合群，一旦被他人发现了事实的真相，那么可能会让他人觉得你是一个虚伪之人。

生活正是因为独特才变得丰富多彩，如果玻璃心的人刻意改变自己的独特性，泯然众人，即便合群了，又有何价值？即使我们从小就被告知，要做一个合群之人。如果每时每刻都勉强自己合群，不但会消耗精力，而且也会消耗我们对生活的热忱和优势。

其实，不合群时的孤独并不可怕，很多成功人士都希望自己拥有安静的独处空间，玻璃心的人的孤独，正是他人所渴求的。在孤独的时候，人们的头脑往往更加清醒，偶然间脑海中闪现的灵感也不会因为热闹、喧嚣而被打断。

玻璃心的人格外在意别人的眼光。因此，他们总是极力改变自己，去迎合别人，若是感知到别人有什么不满的地方，就会想方设法改变自己。因此，活在别人眼光之中的他们，往往会感觉很累，并且无法发挥自己的优势。

有人曾经说过："勉强自己去合群，其实就是在浪费生命。"细品这句话，其实不无道理。比如，你本来不喜欢关注明星八卦，但是你的朋友喜欢。为了合群，你放弃了自己的喜好，去关注那些无聊的明星八卦。但是朋友们并不会因

收起你的玻璃心，碎给谁看

为和你有了共同的话题就和你建立深厚的友谊，而你浪费在明星八卦上的时间，却再也找不回来了。因此，勉强合群就是在浪费时间，而浪费时间就是在浪费生命。

如果你用这些时间做自己喜欢做的事，不但可以愉悦身心，还可以为将来的打算奠定坚实的现实基础，从而使生活变得充实而有意义。

有一个朋友，名字叫 Anna。她很少出来和朋友聚餐，最常做的事情就是一个人收拾好行装去心仪的地方旅游。很多朋友都劝她，一个女孩子孤身在外太危险，而且一个人也太孤独了。

Anna虽然会听朋友们的劝说，但她依然经常出去旅游。在她的朋友圈中，经常可以看到她晒出雄伟如长江黄河、阿尔卑斯山，秀丽如杭州西湖、苏州石林等景色各异的风景照。

朋友们后来才发现，其实 Anna 的生活比他们要丰富多彩得多。虽然她一个人吃饭、一个人旅行、一个人看日出日落……但她的生活却并不贫乏，大自然中还有很多奇异美丽的风景在等着她。

玻璃心的人并不需要为不合群而感到自卑。天高任鸟飞，海阔凭鱼跃。世界如此之大，自然能够包容万物。当你习惯了这份孤独之后，你就会发现，其实敏感作为一种优势给你的生活带来的影响，是你勉强合群远远得不到的。

余华曾经这样写过："我不再装模作样地拥有很多朋友，而是回到了孤单之中，以真正的我开始了独自的生活。有时我也会因为寂寞而难以忍受空虚的折磨，但我宁愿以这样的方式来维护自己的自尊，也不愿以耻辱为代价去换取那种表面的朋友。"玻璃心的人不需要勉强自己，以获得他人的欢心。勇敢地保持自己的独特性，同时尊重他人的独特性，你就可以活得多姿多彩。

4. 保持积极心态，改变"恶性循环"

我想很多人可能都有过这样的经历：当一件事情失败之后，就很容易陷入消极的情绪中，无论做什么事情都没有劲头，从而导致更多的事情失败，进而失去更多的信心，形成恶性循环。

相对于常人而言，玻璃心的人常常可以感知到生活中事物之间的极其细微的差别。因此便会想得多，遇到事时优柔寡断。正所谓"当断不断，必受其乱"，很多玻璃心的人因为"犹豫"二字，失去了很多机会，从而导致自己的人生一路低迷，使自己陷入消极的情绪中不能自拔。

从心理学的角度来讲，消极情绪，不容小觑。在很多时候，一件事情成功与否，与一个人的情绪状态有很大的关

收起你的玻璃心，碎给谁看

系。积极情绪可以促使人们奋进，而消极情绪只能让人对生活失去信心，萎靡不振。

从中医的角度来讲，消极情绪对人体健康十分不利。长久地处在消极情绪中，容易使脾气郁结，运化失职，而导致腹胀、便溏等症状。而这还只是对身体带来的一部分伤害。古往今来，我们看到的那些伟人、成功者往往都拥有雄心壮志，而不是成日沉溺在悲伤的情绪之中。总是处于消极状态的人，很难取得成就。

当玻璃心的人的情绪陷入恶性循环之后，很容易导致的一种结果是，他们不喜欢和人接触，喜欢一个人安静地待着沉思，这往往会加剧这种情绪的发展，从而导致人们常说的"喜欢钻牛角尖"。

有一个人苦恼于身材问题，于是他花了2000块钱参加了一个健身俱乐部。在这个俱乐部里面，不但可以免费试用所有的健身器材，而且还有各种健身课程可以学习。

为了快速将自己的身材练出来，他经常在俱乐部里面锻炼。结果，还不到半个月，他的韧带就拉伤了。去医院检查完之后，医生告诉他这一次伤得比较严重，半年之内不可再做过量的运动。

他听了之后，心中有些沮丧。既然不可以运动，那么他就不能再来俱乐部了，那已经花出去的2000块钱着实让人心疼。此后，他一直待在家中，逐渐变得有些自怨自艾。长

第七章　停止内耗，走出情绪漩涡

此以往，他整个人都变得消极起来，做什么事情都提不起兴趣。

即使半年之后，伤已经好了，他也没有了当初去健身房锻炼的兴头了。在以后的日子里，他做事情时，总是瞻前顾后，害怕再遇到类似的事情。

其实，这样的现象在生活中经常可以见到。比如，有些人经常抱怨，自己曾经的梦想多么远大，但是因为一些困难就放弃了。结果，在以后的生活中，每当遇到困难，他们想的不是怎么去解决，而只是一味地逃避。

或者是，有的人在经历一次感情挫折之后，便对谈恋爱失去了信心，避之唯恐不及。即使有人向他们表白，他们也很难接受。甚至，在很长的时间里，他们都难以从感情失败所带来的痛苦中走出来。

有的人经常诉苦，在晚上失眠的时候，总是会对未来充满绝望。他们非常想改变现状，但却沉溺于现状，难以摆脱。还有些初出茅庐的年轻人，极其敏感，在经历一次挫折，感受到社会的复杂之后，就没有了原本的豪情壮志。

玻璃心的人时刻保持积极的心态非常重要，尤其是在敏锐地察觉到自己内心情绪的变化时。人们在遭遇困难或者麻烦时，心中产生一些负面能量是很正常的事情，只要我们能够正面面对这些负能量，就能够及时止损，将其转变成正能量。

收起你的玻璃心，碎给谁看

曾经有人向一位商人请教他成功的秘诀，商人对来请教的人这样说道："我成功的秘诀很简单，一共有两个：一个是遇到困难不要怕，一定要坚持；另一个就是不气馁。"

来求教的人听了商人的话之后，暗自发笑。这么俗气的回答，他听过很多次了，他很怀疑成功商人的话，他或许是不想让别人知道他成功的秘诀，才会说这些俗话来应付自己。

成功的商人看到求教之人的神色之后，慢悠悠地说道："如果遇到困难就放弃，遇到挫折就气馁，缺乏一往无前的坚持，做什么事情都不会成功。但是，在这两个之后还有更重要的一个，就是，要学会放弃。"

求教之人听了有些疑惑，这又要坚持，又要放弃，到底该怎么做呢？

商人笑着说道："如果你在一件事情上花费了好多的功夫，依然没有结果，那么接下来你就要分析你还需要花费多少精力才能够取得成功；或者是无论你怎么努力，这件事情都不能取得成功。这个时候，你就要学会放弃。如果将所有的精力都耗费在这一件事情上，一旦失败，就容易一蹶不振。所以，在坚持的同时，也要聪明地学会放弃。如果产生了消极情绪，并且不能及时脱离，就很容易失去奋斗的方向。"

求教之人，恍然大悟。

第七章 停止内耗，走出情绪漩涡

消极的情绪会影响我们的行为，使我们在面对事情时，只想逃避，最后功亏一篑。如果在遭遇失败之后，一味地自责沮丧，那么做事的效率和质量就会大大降低，从而导致情绪陷入恶性循环之中。因此，在调整自己的情绪时，不仅需要有所坚持，也要学会放弃，同时，也要学会接纳失败，只有在良好的状态中展开工作，才可能从恶性循环中脱离出来。

5. 当你被自身情绪淹没时，请允许自己感受情绪

情绪，每个人都会有。尤其是玻璃心的人，人们常常用"非常情绪化"来评价他们。比如，在遇到一些小事情时，他们就忍不住想哭，其实这件事情并没有什么大不了；或者，在听了别人某句不中听的话后，情绪失控，愤怒就像火山一样爆发。

高兴、悲伤、生气或者愤怒、忧虑、恐惧等情绪，就像空气一样，紧密地围绕在你身边。一旦你沉溺在这些情绪之中，就很容易被这些情绪所控制，从而导致自己停止对一些事情做出更深刻的思考，进而影响自己做出最优的选择。

很多人在谈恋爱的时候，喜欢掌控对方的动态。经常会给对方打电话、发消息，如果对方没有及时回复，那么，就

收起你的玻璃心，碎给谁看

会焦急和惶恐，怀疑对方，并且继续一遍遍地给对方打电话，质问对方究竟在做什么，为什么不回消息。

但是当对方的电话接通时，他们反而不理对方，不是气愤地说几句就挂断电话，就是和对方无休止地争吵。而当挂了电话之后，他们也不知道自己刚才为什么情绪崩溃。长此以往，对方就会越来越厌倦，越来越不想接电话，进而就形成了恶性循环，导致两个人的关系走到了终点。

在日常生活和人际交往中，玻璃心的人很容易陷入情绪的漩涡，当遇到一些烦恼的事情时，经常被情绪干扰，找不到解决思路。于是，他们愈发沉溺其中，失去理智。所以，玻璃心的人常常被人评价"无理取闹""内心脆弱"等。

尤其是当敏锐地察觉到他人在议论自己时，他们的情绪按钮立刻就会被触动，并容易与他人发生争吵。在这个时候，愤怒的情绪会将他们淹没。无论什么恶言，他们都能说出口。等到恢复理智以后，他们又会对自己恶语伤人的行为感到后悔。

玻璃心的人最容易被消极的情绪包围，而一旦沉溺其中，这将会对他们的生活造成严重的影响。如果长期沉溺于消极情绪而不能自拔，就会积累很多问题，从而使自己逐渐变成一个沉重而没有生气的人。

曾经看到过这样一句话："你能控制情绪，才能控制人生。"虽然我们的情绪会受到很多外界因素的影响，但这并

第七章　停止内耗，走出情绪漩涡

不意味着它不可控。当一个人学会控制自己的情绪之后，就会发现，人生并不是非黑即白的，还有很多丰富多彩的事情在等待着我们。当你真正变得理智时，你就会发现，困难并不是像想象中的那么可怕，如果找对了方法，很多困难都可以迎刃而解。即便是一直使你苦恼的人际关系，也会因此得到很大的改善。

若想不被情绪所控制，我们首先就要学会感知自己的情绪。生活中的快乐、伤心、生气……都是人们情绪的外在表现。如果你无法感知自己的情绪，连自己为什么会快乐、伤心、生气都不清楚，就更不用说怎么控制它了。

心理学家荣格曾经这样说过："你没有觉察到的事，就会变成你的命运。"当你无法感知你的情绪时，你就会变成一个情绪失控、喜欢无理取闹的人。

事实上，玻璃心的人在控制自己的情绪方面，具有很大的优势。因为他们不但拥有敏锐的感知力，而且心思细腻，一旦自己的情绪发生了变化，他们就可以及时地察觉，并且做出相应的调整。

刘雪在公司里和同事们相处得很好，当同事约她出去玩的时候，她就跟着一起去；如果有同事找她帮忙，她也义不容辞。如果没有人约，她就一个人安静地待在家里做自己的事情。

公司里很多人都夸刘雪好相处，并且都很喜欢和她做

收起你的玻璃心，碎给谁看

朋友。

其实，刘雪以前并不是这样的，之前她的情绪很容易失控，经常会因为一点儿小事和朋友争执不休。男朋友也因为她情绪多变而离开她，朋友们也渐渐远离了她。

刘雪觉得再这样下去，自己很可能会变成孤家寡人。于是，她开始学习感知、控制自己的情绪。当她觉得愤怒的时候，就不停地问自己：我这是在生气吗？是什么原因导致了我生气？我生气了，难道就一定要和别人吵架吗？让我生气的这件事情，难道没有别的解决办法了吗？通过这些自问，她渐渐控制住了自己的情绪。

以后，无论是在生气还是悲伤的时候，她首先都会分析一下自己的情绪，如果是消极情绪就及时调整，如果是积极情绪，就在合理的范围内，继续感受它。久而久而，性格敏感的她，最终变成了别人眼中理智有礼的人。

情绪，是人们的一种本能，它可以让人们的生活变得丰富多彩。如果人们无法感知情绪，那么，人生将变得平淡无味。所以说，当我们感知到消极情绪时，也不要去一味地压抑自己。那样只会让逐渐积累的情绪爆发，我们应该学会感知、疏导、化解它。

在很多时候，如果玻璃心的人能够在情绪中获得思考的能力，那么他们就可以在感受自己情绪的同时，对周围的环境做出更理智的反应。比如说，当你和你的爱人吵架时，你感知到了自己的愤怒。在口不择言之前，你可以先冷静下来，分析这场争吵的根源是什么，自己是否误解了对方，是否应该做出让步……

或者是，你在工作中被上司训斥了，伤心之余，察觉到自己的心态有向着沮丧、消极的方面发展的趋势。这时你就可以冷静下来，分析一下事情发生的原委：是自己粗心导致的，还是自己能力不够？从而及时找到错误的原因，并及时改正，这样才能让自己的能力得到提升。

拥有情绪并不是一件坏事，如果控制得当，它反而可以帮助我们在为人处世方面作出正确的选择。玻璃心的人若想改变自己，就不要压抑自己的情绪，而是要学着去感受它。

6. 警惕独处的需求成为一种负担

生活在喧嚣的大城市中的人，都表示自己非常需要独处的时间和空间。在忙碌之后，他们需要安静的空间来放松自己。

在很多时候，安静地独处可以帮助我们更好地整理自己的情绪。周国平先生曾经说过："人生任何美好的享受都有赖于一颗澄明的心。"一个人最好的状态就是，既能够享受一群人的热闹，又能够享受一个人的静谧。

收起你的玻璃心，碎给谁看

独处虽好，但有时候却成了玻璃心的人的负担。曼迪·赫尔曾在《安顿一个人的时光》中这样写道："一个人生活，可以是平淡、乏味、停滞不前，也可以是一场充实、美妙、精彩纷呈的冒险。"

对于性格开朗的人而言，一个人的独处是一场充实、美妙、精彩纷呈的冒险。而对于玻璃心的人而言，一个人的独处就像是一潭死水，平淡、乏味、停滞不前。

玻璃心的人拥有丰富的情感和想象力，在一个人独处时，越是安静，他们就越容易胡思乱想，愈是长时间地独处，他们就变得愈加敏感，在与人交往时，也就愈发警惕他人，产生更多的敌意。

李杰在生活中显得有些不太合群。在上大学的时候，他就喜欢一个人待着。他的同学一起玩游戏、上课或者去室外活动，李杰从来不会参与。他每天总是独来独往，一个人安静地上课、去图书馆。结果，大学四年下来，他没有交到一个知心朋友。

因此，毕业之后，李杰就和同学们完全失去了联系。在踏入职场之后，李杰依然保持着这种风格。久而久之，整个人的气质都变得阴郁起来。

长时间地独处会让人觉得寂寞，而寂寞是人们内心空虚的体现。如果一个人的内心长期处于空虚的状态，那么就很容易变得脆弱、偏执。这对于个人的发展，没有任何好处。

第七章 停止内耗,走出情绪漩涡

当然,这并不是说独处是一件坏事。适当的孤独是一种天赋。易小婉曾经在《一个人住一年》一文中这样写道:"独居的幸福感,是看你愿意在无用的事情上花多少心思。"这句话表明了一种新的生活方式。她的人生经历,更是这种生活方式最好的证明。

有一个女孩,之前一直和朋友合租。她的室友生活能力特别强,从做饭到修理一些小电器,无所不能。女孩曾经说过,和这位室友在一起生活特别幸福。

后来,因为工作原因,女孩搬到了别的地方,开始了一个人的生活。在没有室友的时间里,她需要面对生活中各种琐碎的事情:做饭、收拾家务等,这时她才发现,需要独自承担的东西太多了。但女孩也发现,自己拥有了更多的时间和空间,她可以自己决定什么时候看书、打扫房间、逛街、吃饭……而不必去迁就谁。

玻璃心的人在面对孤独的时候,很容易陷入悲伤的情绪中,认为因为别人不喜欢自己,所以才会自己一个人。而积极的人就不同,在面对孤独的时候,他们会主动将自己调整到积极的状态,并享受独处的每一分钟。并且,当感知到自己负面情绪时,他们会适时地出去接触外面的环境。如果能够正确看待独处并合理利用独处时间,那么其实独处是力量的源泉,它可以源源不断地向你输送存在感。

有人说独处是一种修行,是人们内心的一种自我提升需

收起你的玻璃心，碎给谁看

求。这种说法没有错，在独处时，人们更容易进行自我认知。叔本华曾经这样说过："人们在这个世界上要么选择独处，要么选择庸俗，除此以外再没有更多别的选择了。"

由此可见，独处是多么重要。

尽管独处有这么多的好处，玻璃心的人却不适合长时间地独处，他们在独处时很容易产生各种负面情绪，让自己变得暴躁易怒。

当他们不与外界接触时，有了快乐就不能及时同别人分享，有了悲伤也不能向别人倾诉，孤独就会排山倒海一般向他们袭来。这个时候，他们的内心就会变得格外脆弱。马斯洛需求层次理论指出人类的需求像阶梯一样，从低到高可以分为五个层次，分别是：生理需求、安全需求、社交需求、尊重需求和自我实现需求。

在生活中，人们之间相互倾诉和倾听是十分必要的。如果我们无法传达和交流自己的感受、情感，每天像机器一样机械地生活，我们的情绪终究会有一天会崩溃。

没有人会喜欢黑暗，玻璃心的人同样对黑暗的情感密闭空间感到恐惧。当一个人无法和别人分享更开阔的世界和视角时，他的思维就很容易僵化，并且会下意识地放大那些自认为消极的事情。这个时候，如果有人能在旁边对其进行指导，或者和其交流不同的意见，就可以将其从僵化的思维方式中解救出来。若此时他只身一人，就只会越陷越深。

所以说，玻璃心的人如果不想成为井底之蛙，就要学会走出去，积极与周围的人沟通，只有这样才能拥有丰富的个人生活，并感受生活中的美好和快乐。

7. 停止追求完美，不苛责自己

在生活中，玻璃心的人每一件事情总是力求完美。他们认为这样一来，别人就不会有借口来指责自己。如果事事追求完美，苛责自己，将会在无形中给自己增加很大的压力。

荷兰曾经对6000名心脏病患者进行研究，结果发现，完美主义者更容易产生消极情绪，他们患心脏病的概率是乐观者的3倍，而且康复速度比乐观者更慢。

《人格与社会心理学》杂志也曾经刊登了一项研究结果：完美主义者更容易暴饮暴食。因此，他们比乐观者更容易发生肠易激综合征。大量的数据表明，越是玻璃心的人，越在意别人的评价，越容易成为一个苦恼的完美主义者。

很多追求完美的人在做事情时，脑子里总是绷着一根弦，不允许或者害怕自己出现一丁点儿的错误。因此，他们往往给自己施加极大的压力。在这种压力下，他们在做事情之前，就会先在脑海中产生"这件事情会不会做成？""如果我失败了，那多没面子"等想法。在犹豫中，他们失去了

收起你的玻璃心，碎给谁看

做事情的最好时机，从而导致没有实现预期目标，甚至是彻底失败。

玻璃心的人内心脆弱，哪怕一次失败就可以将其击垮，在以后的生活中，他们对任何事情都提不起兴趣，从而陷入恶性循环中。而且深陷完美主义的他们，经常会有强烈的不安感。他们认为，自己必须事事做到完美，否则就会被人唾弃。在这种枷锁的束缚下，他们中的很多人都有"强迫症"的倾向。

在人际交往中，这种完美主义，有时候不但不会给我们带来好人缘，而且还容易使我们与别人发生争执。

赵宁新加入了一家公司，在工作了一个月后，同事们就发现了赵宁的一个习惯。他总是喜欢将自己办公桌上的东西排列得非常整齐。电脑的桌面也只保留有用的软件，其余的全部卸载。尤其是在工作的时候，他总是力求完美，这样有时候会给工作带来很多麻烦。

有时候，同事不小心碰到了赵宁的桌子，他就会非常生气，然后大声地告诉那位同事，不要碰乱他的桌子。很多同事都不喜欢和他相处。

有一次，公司将一个很重要并且时间很紧迫的任务交给了赵宁，并且上司非常郑重地告诉他，这个任务非常急，必须在半个月之内完成。赵宁因为"完美主义"的心态，总是想将事情做到最好。结果，等到任务快要提交的时候，赵宁还没有完成，并且还差得很远。

上司找到赵宁了解其中的原因之后，顿时黑了脸。原来赵宁在做任务的时候，遇到了一个很简单的问题。为了得到最好的结果，赵宁选择了最复杂的解决方案，结果就将自己绊在了这里。然而简单和复杂的两种方案，在最后的结果方面并没有太大差别。

上司决定重新考虑赵宁是否真的适合现在的工作岗位。

有时候，明明有简单的方法，完美主义者为了"完美"，偏要用更复杂的方法，不但耽误事情，而且也给自己带来了很多麻烦。从心理学角度来说，完美主义是一种心理疾病，完美主义者拥有严重的完美情节，并且内心非常敏感。

越是追求完美，就越不能接受失败。我们常说"没有最好，只有更好"。其实，很少有事情能够被做到极致。因为有时候我们根本不知道一件事情的极致在哪里。因此，在做事情时，我们只能在原来的基础上，不断地对其进行改进和完善，使它趋向于更好。

当然，我们要辩证地看待问题。追求完美，有积极的一面，也有消极的一面。积极的一面就是，完美主义是人们前进的动力，能够不断促使完美主义者仔细、认真工作。消极的一面就是，病态的完美主义会使人们不断地追求那些超出自己能力，无法实现的目标，并且在失败之后会给人们带来很大的痛苦，使他们一蹶不振。

收起你的玻璃心，碎给谁看

玻璃心的人不断追求完美，有两个原因：一个是因为紧张，怕自己做不好，会被人挑剔，所以，强迫自己做到完美；另一个原因是自傲，认为自己很厉害，所有的事情，只要自己拼尽全力，就能够做到完美。他们却忽视了物极必反的规律。

周玲是一家公司的文案策划，在刚开始工作的时候，她总是喜欢追求极致。有时候，为了一个案子，可以牺牲睡眠时间，加班加点，从而使得方案更完美。在这些精益求精的日子里，周玲将自己的精力大量地耗在了工作中大大小小的事情上。因此，她个人的生活变得极其糟糕，自己也看着越来越憔悴。

直到有一次，因为长时间地加班，身体承受不住昏倒了，周玲才意识到，这样下去对自己只有害而无益。于是，她不再一味地追求完美，苛责自己，而是开始允许自己出一点小差错。

这样一段时间之后，周玲发现，工作效率不但没有因为自己的妥协降低，反而变得更高了。并且自己的精神状态也变好了，团队之间的合作也变得更加愉快了。

玻璃心的人更喜欢在追求完美的时候，苛责自己，不断地要求自己进步。在这个过程中，他们非常容易被情绪左右。人生不可能一帆风顺，如果连一点小小的失败都不能接受的话，又如何能够在人生的大风大浪中扬帆起航呢？

玻璃心的人不需要因为别人的目光而苛求自己追求完美。适当地放松，允许自己犯一点儿小错误，这样不但可以使你从容地面对困难，还可以让你的内心越来越强大。

8. 摒弃多余的内疚感，学会与自己和解

玻璃心的人在拒绝别人的请求时，心中会产生内疚感；当因自己而导致别人失败时，心中同样会产生内疚感。

所谓的内疚感，就是一种人们认为自己做错了事或做了不道德的事情而自我责备的痛苦感觉。

《被嫌弃的松子的一生》这部电影讲述的是主角松子荒诞而悲凉的一生。一生中，松子都将自己困在内疚感中。松子从小就非常渴望父亲的关心和肯定，但是父亲却将更多的关心和注意力放在了体弱多病的妹妹身上。

为了获得父亲的关注，松子做了很多努力，但却都没有什么用。于是松子感觉很失望，选择了离家出走。并将这一切都归咎于妹妹。在离家出走之前，她冲动地将妹妹推倒在地。

父亲回来之后，发现松子不见了，很愧疚，不久之后，便积郁成疾，离开了人世。而妹妹也因受到打击，病情加重，跟随父亲的脚步离开了。

收起你的玻璃心，碎给谁看

后来松子回到家中，看到了父亲的日记，每一页上都写着"没有松子的消息"。她并且还从弟弟口中得知，妹妹每天都在盼望着她回来，她去世之前的最后一句话也是"姐姐回来了"。

因为自己，整个家庭都变得支离破碎，松子很内疚。在以后的生活中，她反复遭受磨难，并且始终没能解脱。

内疚，是人们内心活动的一种体现，有时候它可以产生很多负能量。很多人因为承受过多的负疚感，喜欢自我贬低。研究发现，很多玻璃心的人都是讨好型人格。他们经常因为心中过多的负疚感，不会拒绝别人，总是迎合他人的期待，一再放弃自我的原则和底线。

或者还可以说是因为恐惧别人的不满。《情绪心理学的佛学视角》这本书指出，恐惧经常掺杂着愤恨以及不满，尤其是病态的愧疚感。人们很容易陷入这种情绪之中，并且轻易对他人妥协。玻璃心的人如果不能理智地处理这种情绪，就很容易被内心熊熊燃起的内疚感折磨得面目全非，从而使得内心的声音淹没在不安之中，无法做真正的自己。

简单来说，内疚感是一个人超我的表现，即一个人对于自己道德层面的认知以及伴随的情绪。一个人如果没有了内疚感，就会失去自我反省的能力。那么，他们通常也不会对自己的想法和行为进行约束，而是认为自己所做的一切事情都是对的，并且会下意识地去做一些对自己有利的事情，不

第七章 停止内耗，走出情绪漩涡

管这些事情是否会给他人带来伤害。如果大家都失去了自我约束能力，那么，社会就很容易陷入混乱。

有内疚感是一件好事情，它就像是我们心灵的"报警器"，是我们"良心"情绪的内核。只有拥有了内疚感，我们在做事情时，才能够充分考虑到他人的感受，适时地调整人际关系，从而营造有利于自我发展的良好人际关系。但是，如果内疚感超出了一定的范围，就会对我们产生很多不利的影响。

比如说，过度内疚的人很容易进行自我攻击。例如，当你和同事需要按时共同完成一个任务时，你们却没能按时完成。这就不能简单地归咎于你自己，其实你的同事也有责任。

但是这个时候，玻璃心的人就容易进行自我批判。心想"如果计算的时候，我认真一点，就不会出错了；如果我更优秀、更有能力，就一定能够完成……"这种过度的内疚感是不可取的，它就像是心灵上的一种"毒药"，不断地给你带来压力和痛苦。

还有就是，过度的内疚感会扰乱人们对于自我的认知。玻璃心的人拥有丰富的情绪。这其实并没有错，但是，如果过分执着于某种情绪，就很容易导致偏执。因此，他们在做事情的时候，就会显得优柔寡断。如果处理不好这种情绪，它就会成为某种妨碍你追求幸福的障碍。

收起你的玻璃心，碎给谁看

比如说，当有人来找你帮忙的时候，你并不愿意。但是，缘于心中的负疚感，你不好意思拒绝对方。并且心中还会想"我能对别人说不吗？如果对方对我产生不满，我该怎么办？如果别人对我失望，我也会对自己失望。如果我有些事情做得不完美，该怎么办……"

如果长期将自己困在这些烦恼之中，那么就很难正确地认识自我，有时候甚至还会因为别人的评价而不断地否定自己。

9. 学会移情，停止纠结

生活并不是一帆风顺的，很多时候我们都会遇到困难和挫折。尤其是玻璃心的人，因为可以敏锐地感知外界事物，内心的情绪很容易受到外界的影响。

玻璃心的人在遇到困难或者遭遇失败时，脑海中很容易冒出一些消极的想法，甚至会一直沉溺其中，从而形成恶性循环。

张利是一家公司的会计，有一天同事王哥气冲冲地来找他，说是工资不对，奖金少了1000块钱。

张利笑着说："王哥，你是不是看错了？我的工作从来没有出过错，你再仔细算算。"

第七章　停止内耗，走出情绪漩涡

"明明是你的工作出错了，怎么还倒打一耙呢？你看看，我上个月的奖金明明应该是4000块钱，结果你只算了3000。"

张利拿出业务记录一算，果然是少了1000块钱，顿时心生愧疚感。张利是一个非常忠实的球迷，在世界杯举行的时候，他熬夜看了好几场球赛。正好，那几天是算工资的日子。自己一迷糊，就出现了错误。

工资单已经报上去了，如果要追回，就必须得到老板的同意。没办法，张利只好向老板承认错误，结果自然是被老板狠批一顿。

为此，张利的心情一直不是很好，他甚至开始怀疑自己的能力，自己是否能够胜任这份工作。就这样恍恍惚惚，在之后的工作中，他又出现了好几次错误。有一次甚至还给公司造成了重大的损失。最后，老板只能将张利开除了。

很多时候，如果一个人长期沉浸在负面情绪中，就很容易形成恶性循环。比如说，你在工作中受到老板批评，对工作失去了信心，而你又将这种负面情绪转移到了生活中。那么在负面情绪恶性循环时，和别人交往只会以敷衍为主。久而久之，你就会被他人孤立。

如果这个时候，你能及时排解这些负面情绪，那么，所有问题便都可以迎刃而解了。比如说，当你开始质疑自己的能力时，可以停止工作，看个笑话，听首歌曲，转移注意力，让大脑得到充分的休息，从而使自己从消极情绪中解脱

收起你的玻璃心，碎给谁看

出来，做到客观理性地看待问题。

齐越失恋了，很多朋友都以为她会伤心不已，并对生活失去信心。当朋友们想办法去安慰她的时候，齐越却不带走一片云彩地挥挥手，出去旅游了。

接下来，朋友们还经常可以在朋友圈中看到齐越发布的旅游动态，今天还在山上看日出，明天就去海边冲浪了，而后天很可能就去森林探险了……

等齐越旅游回来之后，朋友们纷纷问她，失恋了怎么还有心情出去玩呢？

齐越笑着说道："一开始我也是伤心得痛不欲生，但是出去看了这么多的美丽风景，领略了各种风土人情之后，我心胸开阔了很多，觉得生活如此美好，为什么要把精力浪费在无法挽回的事情上呢？"

诗人莎士比亚曾经说："一个人思虑太多，就会失去做人的乐趣。"同样地，如果你在遭遇困难之后，一直沉溺在消极的情绪中，并且为此消耗自己过多的精力，那么这其实是一件得不偿失的事情。

研究发现，长时间地处在负面情绪中，不但会对人们的心理产生不良影响，而且还很容易使身体患上疾病。

当然，我们可以转移负面情绪，但这并不意味着我们可以随意地迁怒他人。比如说，今天有人惹你生气了，为了转移自己的负面情绪，你便找碴儿将别人骂了一顿。此时也许

第七章　停止内耗，走出情绪漩涡

你的心情变好了，但你却将自己的负面情绪传递给了别人，让别人产生了负面情绪。这其实是一种非常不道德的行为。

所谓的移情，真正的意思是当你遇到了不好的事情时，为了防止沉浸在负面情绪中，你可以将注意力转移到你喜欢的事情上。

在生活中，每个人都会有自己喜好的事情，而且在做自己喜欢的事情时，会有强烈的愉悦感和成就感。因此，在遇到不开心的事情时，玻璃心的人千万不要沉浸在负面情绪中，其实你可以尝试一下移情，从而改善自己的消极心态。

那么，我们该如何正确地转移自己的注意力呢？

首先，要学会控制自己的情绪。

当人们遭遇失败时，很容易产生愤怒、放弃、失望等负面情绪。这些负面情绪可以长时间地控制你的大脑，让你失去理智。这个时候，你很容做出一些过激的决定和行为。而等到理智恢复之后，你又会后悔。所以说，在遇到事情时，先不要做出决定，而是在心中默数10个数，让大脑冷静下来，待控制好自己的消极情绪之后，再做决定。

其次，认知自己，找到真正喜欢做的事情。

很多时候，人们对于自己往往都没有一个清楚的认知，每天得过且过。当产生负面情绪时，连转移注意力都没有方向，找不到自己真正喜欢的事情，也无法真正地沉浸在其中。此时，无论是看书、听歌、运动还是学习，只要是可以

收起你的玻璃心，碎给谁看

吸引我们，并且可以真正地让我们沉浸其中的事情，我们都可以选择。

最后，就是解决问题。

当你的情绪稳定下来之后，理智就会恢复，而之前的问题依然存在，此时你就需要分析问题，并寻求解决方案。

在生活中，敏感的人常常被别人评价为"有一颗玻璃心"。没有哪个敏感的人会喜欢这样的称呼，玻璃心之人在发现自己的消极情绪之后，要学会"移情"，尽量避免陷入消极情绪的漩涡之中。面对再烦恼的事情，也要停止纠结，换个角度看待问题，从而发现生活美好的一面。

第八章

强化心理韧性,让孤独成全你的与众不同

第八章 强化心理韧性,让孤独成全你的与众不同

1. 反脆弱:塑造强大的内心

在生活中,很多人在遭遇了一次失败之后,就对生活失去了信心和希望。或者是,与恋人吵了一架,就认为彼此的感情不是真的……脆弱性是生命体的特征之一,在某些时候,适当表现出自己脆弱的一面,有利于个人人际关系的发展。但没有人会希望自己的人生是不堪一击的。所以,人们往往希望自己拥有强大的内心,从而规避脆弱带来的不利影响。

"反脆弱"一词是由著名思想家塔勒布提出的,他在《反脆弱》一书中这样写道:"世界的脆弱性越来越强,在看也看不清的变数里,如何才能反败为胜、扭亏为盈……学会反脆弱,掌握新时代的生存之道,你也可以高枕无忧。"

塔勒布的理论认为,随着社会的快速发展,世界越来越强,而人们的内心却变得越来越脆弱。很多原因在于,人们对自己没有一个正确的认知。在生活中,我们经常会发现这

收起你的玻璃心，碎给谁看

样一种现象："当人们在评价别人的时候，往往比自我评价更加准确、客观。"可见，对于自我的偏袒会让我们难以接受别人不好的评价，甚至否认自己的错误。

有一个创业者在创业的过程中遇到了瓶颈，总是失败。于是，他便去找一位职业经理人倾诉："我觉得自己在做事情的时候思维很缜密，为什么总是找不到自己失败的原因呢？"

职业经理人问道："你是凭借什么来判断自己的思维非常缜密的呢？"

创业者回答道："我一直是这样认为的，而且，我非常不喜欢犯错。"

职业经理人继续说道："这句话充分地证明，你非常害怕自己犯错，因此你很难正确地认知自己。这样就会导致在看清楚一些事情之前，你就做决定，从而导致失败。"

"反脆弱"这个词在很多人眼中可以算是一个新鲜名词，事实上，它和"内心强大"大同小异。虽然时代在发展，但人们的内心却越来越趋向于脆弱。越来越多的人会为了一些微不足道事情而伤春悲秋，动不动就怨天尤人。他们很少从自己身上找原因。

《红楼梦》中的林黛玉便是典型的敏感脆弱型人格。她伤春悲秋，对很多事情都抱有怀疑的态度，并且动不动就哭得梨花带雨。她柔弱得让人心生怜爱，她的命运让人唏嘘不

第八章 强化心理韧性，让孤独成全你的与众不同

已。如果她能够学会"反脆弱"，让自己的内心变得强大起来，那么也许她的悲惨命运就可以改写。

人生并不是一帆风顺的，但是强大的内心可以帮助我们战胜任何的困难和挫折。怎么才能让自己的内心变得强大起来呢？

首先，你要有一个坚定的信念。

内心真正强大的人，往往对自己有着清楚的认知。他们在做事情之前，都有着坚定的信念。他们知道自己想要什么，不会因为别人的干涉而随意改变自己的决定。

小的时候，我们总是被教育要好好学习，只有这样，长大了才会出人头地。有的学生甚至因为学习不好，经常被责骂，而内心崩溃。有一名作家就是这样，他小时候的数理化成绩很不好，但却很喜欢写作。

很多人都在他耳边劝说，一定要好好学习数理化，光会写作是不会有出息的。但是，作家却一直坚定自己的信念，并且朝着这个目标不断努力，最终成为了卓有成就的小说家。

其次，不要因为别人的评价而迷失自己。

在这个复杂的社会环境中，每个人都会面临别人的评价，你的一举一动，甚至都会吸引别人的目光。这无疑会给自己带来很大的压力，很多人会因为别人的评价而改变自己。内心真正强大的人，不会完全相信别人对自己的评价，当然，也不会完全摒弃。他们在坚持己见的同时会从中选取

正确有利的意见,不断地完善自己,使之成为自己取得成功的好帮手。

再次,有勇于认错的勇气。

很多内心脆弱的人,在犯了错误时,都没有认错的勇气。犯了错之后,他们只会自欺欺人地掩盖。这样的行为十分不利于自身的发展,更不利于他们正确地认识自己的不足,进而加以改正。

内心真正强大的人,能够勇于面对自己的错误,并且可以仔细地分析原委,从中找出犯错的根源。因此,他们可以在改正错误的同时,不断地增强自己的实力,从而厚积薄发,等待着一飞冲天的机会。

在很多时候,其实玻璃心的人的内心不一定是脆弱的。相反,他们也拥有强大的内心。如果可以将敏感的优势与强大的内心相结合,那么,他们就更容易取得成功。

2. 享受独处:一个人,也不要怕

"唉,就剩下我一个人了,真的好无聊呀。"生活中,经常会有人发出这样的感叹。尤其是玻璃心的人,更是害怕孤独。一旦陷入孤独之中,他们就很容易产生消极的想法,并且沉浸在悲观之中,难以摆脱。

第八章　强化心理韧性，让孤独成全你的与众不同

最近看了一个视频：朴树在唱李叔同的《送别》时，忽然泣不成声。朴树曾经说过，自己非常喜欢《送别》这首歌，他说："一个人一生能写出这样的词，真的可以死而无憾了。"因此，他会在唱着歌的时候，忽然就把自己唱哭了。

如果是普通人唱着歌忽然开始落泪，那么难免会被人说敏感、矫情、脆弱……但是，放在朴树身上，人们却体会到了他的敏感和孤独。

事实上，很多人都活得孤独又敏感，并且他们会害怕这种孤独。于是，他们便刻意地去追求热闹和繁华。他们认为，如果总是一个人独来独往，很容易给别人留下孤僻、不合群的印象，这将十分不利于自身的发展。其实，他们这种说法并不正确。

古希腊哲学家苏格拉底曾经这样说过："唯有孤独的人才强大。"越是孤独的人，越拥有强大的内心。他们能够凭借自己强大的内心，解决很多困难。但他们也不是坚不可摧的。

《寻找失踪的外来工罗炼》是一篇影响非常大的报道，报道中的主人公罗炼不知道是什么原因，在中秋节失踪了，他在月饼盒内留下一张纸条，上面写着："终生役役而不见成功，茶然疲役而不知所向，讳穷不免，求通不得，无以树业，无以养亲，不亦悲乎！人谓之不死，奚益！"

从这句话中，我们可以体会到罗炼是多么孤独。他选择

了离家出走来释放自己的孤独。

但其实,孤独并没有那么可怕。随着年纪的增长,每个人都会有脆弱敏感的时候。如果一味地逃避,只会让自己更加畏惧。其实,孤独在生活中十分必要,有时候某些事情的开展需要宁静的独处时光,比如说,当想看一本很喜欢的书时,你一定想待在安静的环境中,因为只有这样,你才可以静下心来细细感悟书中的意味。

其实,喜欢独处并不是一件坏事。在温暖的午后,一个人静静地坐在温暖的房间中,放一首轻缓的音乐,泡一杯清香的茗茶,捧一本想看很久的书。这份宁静,会格外地令人享受和心醉。

而且,宁静的独处非常有利人们整理自己的思绪,令在嘈杂环境中难以解决的问题得以解决。

曾经有人说过:"当一个人学会了享受独处,并且可以固守孤独时,那么,他就可以变得更加坚定、平和、睿智。"

在很多时候,享受独处是一种人生境界。在这个过程中,你可以卸下所有的伪装和逞强的外衣,正确地认知自己,聆听自己的心声。

经常会有人抱怨"孤独",其实,这里所谓的"孤独"并不是真正的孤独,那只是闲暇时间的"寂寞"罢了。寂寞并不等同于孤独,寂寞会让人发虚,而孤独则会让人变得更加强大和充实。很多文学家都歌颂过孤独,并且大力赞扬孤

第八章 强化心理韧性,让孤独成全你的与众不同

独者的人生经历和状态。

随着社会生活节奏的加快,我们可以发现这样一个奇怪的现象:通信方式越是多样化,生活中的"独行侠"就越多。当下很多人开始享受一个人的生活状态,或者说越来越多的人喜欢上了一个人旅行。以前热闹的聚餐现在变成了一个人享受美食的时光,有的餐厅还顺势推出了玩偶陪吃饭的服务。

有人曾说:"孤独才是人类的终极状态。"所以说,玻璃心的人完全不必因为别人异样的目光和不好的评价而改变自己。事实上,享受孤独的人,才拥有更多的自由。

凡·高就是一个敏感而孤独的人,他曾经这样说过:"享受孤独,是学会拥抱自由的灵魂。"当你勉强自己去做一件事情时,就是在为自己制作一个不自由的笼子,如果每天生活得不幸福,那人生又有什么意义呢?

凡·高曾是别人眼中的疯子,他性格孤僻,一生都生活在孤独之中。但是,现在他的作品却被人们所喜爱和追捧。

大科学家爱因斯坦也曾说过:"享受孤独,是学会享受当不被别人所理解。"在很多时候,孤独的人往往都不被人理解。就像爱因斯坦,在当时被视为危险分子,而且因为被迫卷入政治而被国家抛弃。甚至因为自己献身科学事业而被家人和朋友抛弃。但是,正因为如此,他才拥有了一颗强大的内心,创造了属于他自己的传奇人生。

收起你的玻璃心，碎给谁看

叔本华曾经这样说过："一个人品质是否高贵的主要标志，就是他无法从与别人的交往中得到乐趣。他越来越倾向于独处，而且随着时间流逝，他逐渐明白：除了少数例外，这世上只有两种选择——要么孤独，要么庸俗。"

没有人规定一个人必须合群。在很多时候，人们都需要安静的时间和空间来处理事情或者整理自己的情绪。所以说，独处并不可怕。当你耐得住孤独，并且可以享受它的时候，那么，你就可以坦然面对自己人生中的任何挫折。越是孤独的人，越容易拥有强大的内心，享受独处，并持之以恒，从而使得一个人的生活也充实而有意义。

3. 敏感注定了你的特立独行

在生活中，玻璃心的人经常会被别人说"爱哭鬼""胆小鬼""别这么敏感"等。为了避免这样的评价，他们往往会选择伪装自己。

敏感真的就是一种令人蒙受羞耻的性格特质吗？其实，并不是如此。因为敏锐的感知力，玻璃心的人在为人处事方面与众不同，这使得他们身上充满了一种迷人的独特气质。他们在做事情时往往非常认真，并且擅长发现和避免错误，非常善于站在别人的角度思考问题，能够独自学习很多东

第八章 强化心理韧性，让孤独成全你的与众不同

西，拥有丰富的情感……所以说，即使特立独行，玻璃心的人也是特立独行的强者。

每到周末，周婷最喜欢做的事情就是一个人安静地待在家里，静静地看书、听音乐来放松自己。为此，朋友们没少说她不合群。对于朋友们的"指责"，周婷只是一笑而过，没有辩解，也没有试图改变自己。

有一次，几个朋友好不容易将周婷约出来逛街。在逛街的时候，朋友们都很高兴，说得兴高采烈。而周婷却敏锐地感觉到，朋友李艾有点儿心不在焉。

因此，周婷悄悄地找了个机会问李艾怎么了，是不是遇到了什么困难。

周婷的话音刚落，李艾就红了眼眶，小声地告诉周婷，她和男朋友吵架了。周婷问清楚了事情的经过之后，开始帮助李艾分析其中的问题，并且委婉地告诉她，这件事情是她的错，她应该向男朋友道歉。

听了周婷的分析之后，李艾也冷静了下来，意识到是自己不对，之后便向男朋友道了歉，并最终和男朋友和好如初。

因为对外界刺激的感受较为强烈，玻璃心的人总可以感觉到自己与大家的不同之处。有时候甚至为此而感到恐慌，不得不采取行动来隐藏自己，因为别人异样的目光和评价而改变自己。

收起你的玻璃心，碎给谁看

瑞典作家弗雷德里克·巴克曼曾经这样说过："最吸引我的就是55岁以上的中老年人和10岁以下的小孩，因为他们是最不会在意那些社会既定法则的人。"

弗雷德里克·巴克曼对那些不人云亦云，坚持做自己的人非常感兴趣，他表示，这些人夹在人群之中，和别人的步调不太一样，但正因为如此，他们才会更加迷人。

他在《外婆的道歉信》中描写了一个非常有特色的角色——爱莎的外婆。她已经77岁了，根本不像普通的老太太，她的种种表现都非常与众不同。比如说，她的第一次登场就是给雪人穿衣服，结果让邻居误以为有人从阳台上跌了下来。而且她还喜欢边开车边吃烤肉，然后让爱莎给她换挡，或者是穿着浴袍站在阳台上，用彩弹枪射击推销员……种种疯狂的行为，很难让人们接受。

但是她却是爱莎唯一的朋友。在爱莎受伤时，外婆可以带着她进入童话世界，经历冒险；当爱莎在学校被欺负时，外婆就会故意做一些好笑的傻事来逗爱莎开心……

也许，在人们眼中外婆这一角色是疯狂的。但不可否认，我们依然会被她的与众不同而吸引。

在生活中，我们经常会被灌鸡汤，说"要敢于做自己"。但是，当真正面临选择时，很多人却选择了退却。

法国社会心理学家古斯塔夫·勒庞曾在《乌合之众》中这样写道："人一到群体中，智商就严重降低，为了获得认

第八章 强化心理韧性,让孤独成全你的与众不同

同,个体愿意抛弃是非,用智商换取那份让人倍感安全的归属感。"

因为外界的目光而不断地妥协,只会让我们在生活中泯然众人。人生本来就是一个不断变强大的过程,如果我们总是因为别人的目光而改变自己,或者说勉强自己做不想做的事情,那么只会让自己陷入痛苦之中。所以说,无论我们处于什么样的境地,都要勇敢地做自己。

有一个老板,在创业的时候非常能吃苦,等到发达了之后,也并没有像别的老板一样,坐豪车,吃大餐,而是依然朴素节俭,从而成为别人眼中的"异类"。

除了在出去开会或者和客户谈生意时穿正装,平时他都穿一些平价而舒适的衣服。有人对老板说:"你这样穿,实在太没有老板的样子了,这不利于你树立老板的威严。"

老板听了之后,笑着点了点头,但依然保持自己的风格。他不但自己节俭,而且还在公司推行"光盘行动",带领着员工一起发扬勤俭节约的作风。

在现在的生活中,人们往往非常爱面子。在外出吃饭时,总是喜欢多点菜,以示大方。这种行为很容易造成浪费。

如果你在吃饭时仅点两三个菜,不但会让人看不起,而且还会遭受周围的人的异样眼光。在这种环境中,即使是节俭的人,也会选择改变自己。康德曾经说过:"天才是自创法则的人。"我们可以发现,生活中那些成功人士往往都带

收起你的玻璃心， 碎给谁看

有独特的气质。他们的身上天生就有一种让人信服的气场。如果你习惯了改变自己，失去自己的思想，变得人云亦云，那么就很难获得成功。

所以说，玻璃心的人完全不需要因为自己的与众不同而感到自卑。真正优秀的人都非常敢于表现自己的独特性。事实上，每个人都拥有与众不同的权利。就比如说获得诺贝尔文学奖的莫言，他获奖的原因之一就是：他是他自己，他不学别人，他只写他要写的东西，谁都不能影响他。

如果你认为自己的信念是正确的，那么就应该坚持下去。不要因为别人的目光而改变自己。这样，终有一天你会取得非凡的成就。

4. 内心要足够强大，才支撑得起敏感的天赋

丹麦心理治疗师伊尔斯·桑德明确指出，高敏感是种天赋。但很多玻璃心的人都为自己敏感内向的性格感到自卑，其实大可不必如此，因为敏感本身是一种值得赞扬的性格特质。

敏感型人格的你也许有过这样的经历：能轻易猜中别人的感受和情绪。身边的人正在想什么、担心什么、不满什么，一眼就能看出。而这种经历却往往让我们感到焦虑。

第八章 强化心理韧性,让孤独成全你的与众不同

比如:

"坐在我对面的那个人,为什么老是偷瞄我?是因为我穿得太寒酸了吗?"

"他说话时从不看我,总是躲躲闪闪,他一定没他说的那样喜欢我!"

"她老说自己是在开玩笑,当别人听不出她话里那浓浓的优越感吗?"

敏感的人,如果内心不够强大,就只会看到事物消极的一面,对生活中的美好细节视而不见。从这一点来说,敏感无异于一把双刃剑,既容易割伤自己,也容易刺伤他人。因此十分有必要利用好敏感这种天赋,而善用这一天赋有一个前提:你得拥有一个强大的内心。

徐璇是一位很有艺术天赋的姑娘,也许是因为生来敏感,又或许是成长于重组家庭的原因,她的心思要比同年龄的女孩更为细腻、复杂,看待事情的态度也更趋向于悲观。

虽然她的继母待她不错,但她与继母单独相处时,却只是维持着表面上的礼貌,很难向对方敞开心扉。高一时,继母和父亲提议,让徐璇转学美术。他们特意征求她的意见,徐璇敏感地听出了他们话语中的小心翼翼,她冷哼一声:"怎么,嫌我的文化课成绩太丢人了?"

继母皱着眉头辩解道:"你小时候学过美术,基础打得很牢。我看过你画的画,真的很有天赋。为何不继续学下去呢?

收起你的玻璃心，碎给谁看

我是美术老师，可以指导你，如果你再多用点儿功，从现在开始努力，还是能考上理想的美院的。"徐璇却依然不依不饶："说来说去，你们还是觉得我成绩差，考不上大学！"

继母有点生气："我是真心为你打算，按照你现在的成绩，想考上好一点的大学确实很难！"此时徐璇紧抱自己的双臂，哭着说："我知道你看不起我，我这辈子也不会学美术！"

长大以后，徐璇常常后悔自己当初那个任性的决定，其实她很迷恋一个人作画时的沉静氛围，而且她也非常擅长于此。如果当初做选择的时候，能够更包容一点，理性一点，接受继母的安排，转学美术，那么现在的她从事的可能就是与美术息息相关的工作了。而不是待在一家小公司里，整天忙忙碌碌地做报表，迷茫地得过且过。

美国精神分析学者伊莲艾融博士于1996年提出"高敏感族"一词。艾融博士说，高敏感族容易将自身对外界的不适感放大。他们容易感知出他人话语里的情绪，亦容易被这种情绪所影响；他们短时间内应付很多事情就会烦躁不堪；讨厌犯错，容易自责。但与此同时，他们中很多人也拥有不曾被发掘、被重视的惊人潜能。

例如，玻璃心的人通常拥有很高的艺术天赋。他们对色彩、音符等很敏感，常常聚精会神地沉浸在浓厚的艺术氛围里。一件精美的艺术品、一首动听的音乐常常可以带给他们难以言喻的美妙感受。所以古今中外绝大部分艺术大师都是

第八章 强化心理韧性，让孤独成全你的与众不同

敏感型人格。敏感堪称他们创作的源泉。

玻璃心的人通常拥有发达的神经系统，他们可以敏锐地捕捉事物细微的差别，并轻而易举地对烦琐的信息进行进一步的分类或深加工。所以，这一类人大多拥有异常丰富的内心世界和天马行空的想象力。这一优势若能发挥于特定的职业中（如设计师、内容创作者、导演等），则将会令他们的创造力倍增，而他们所创造出的作品往往感染力十足，令人赞叹不已。

玻璃心的人通常还拥有极强的共情能力。面对他人的倾诉，他们不但能做到耐心倾听，还能感同身受，陪着倾诉者一起欢笑，一起流泪。所以，很多高度敏感的人在从事照顾他人这一类的工作时，总是游刃有余。因此，他们往往拥有良好的口碑，为人所称道。

这些都是玻璃心的人的优势。但发挥这些优势需要一个前提：你的内心要足够强大。如果你一味地放大负面情绪，只关注事情的阴暗面，被内心的孤独和脆弱所吞没，那么这种优势就无从谈起。

卓别林的经典电影《城市之光》的主人公是一个流浪汉，他心思敏感，生活坎坷，受尽他人的嘲讽与白眼。尽管如此，他一直保持着乐观积极的生活态度。流浪汉对他人的苦难感同身受，为了帮助一位可怜的盲女治好眼睛，他竭尽全力地赚钱；为中途遇到困难的富翁排忧解难，并将其请回

收起你的玻璃心，碎给谁看

家，待为上宾……

为什么流浪汉的形象可以让大家印象深刻，久久不能忘怀？有人说，流浪汉虽然长相滑稽，贫困潦倒，可他拥有一颗金子般、不屈不挠的心，这正是他的人格魅力所在。

内心强大的人虽敏感却不会沉溺于其中不能自拔。他们虽然对外界的人和事始终保持着高度敏感，但他们却只将目光聚焦于他人施予的善意，对那些敌视的目光、辛辣的嘲讽、刻意的疏离视而不见。他们会积极排解内心的负面情绪，保持积极向上。

内心强大的人会将自己的敏感锻造成一把"钥匙"，用来打开他人的心扉，从而进行一场场深度而有意义的交流。他们就像黑暗大海上的灯塔，将周围的人都笼罩于温暖的亮光下。他们知道什么时候给亲人、朋友可靠的支持，什么时候给他们一个无言的拥抱。

内心强大的人对于自己的敏感是那么自信。他们相信这是一种无与伦比的能力。他们不需要从热闹的人群中汲取力量。他们需要的是从独处中孜孜不倦地探寻自己的内心世界。从而使自己的精神世界变得越发丰富、迷人。

敏感就像手中的放大镜。内心强大的人会用这把放大镜来寻找阳光和美好。敏感型人格的人，要相信自己的能力，驱逐内心的脆弱，正确运用敏感这个放大镜，从而成为一个真正强大的人。

第八章 强化心理韧性，让孤独成全你的与众不同

5. 越是被人嘲笑的梦想，越值得去追求

与玻璃心相随相伴的，是另一种心理现象：忍耐力低。生活经验告诉我们，越是玻璃心的人，忍耐力越低。追梦路上，玻璃心的人最在意他人的目光与评价。他们内心敏感，难以承受那些负面的信息，因此，一听到别人的冷嘲热讽，他们就"丢盔弃甲"，半途放弃。

你要相信，越是被他人嘲笑的梦想，越值得你追求，因为越是这样的梦想，越有实现的价值。其实敏感并不可怕，可怕的是你一味地屈从于内心的恐惧，在他人的目光中，战战兢兢，谨小慎微。勇敢追梦吧，只要脚踏实地地走向前方，你的心理韧性就会逐步加强，从而使得自己变得更强大。

李可的父母都是律师，小时候，别人家的爸妈都是在敦促自家孩子背诵古诗词，李可的父母却向她灌输法律知识。因为父母希望她能从事他们的事业，成为一位法律工作者。然而对于年少的她来说，法律是那么枯燥，比打针吃药还要恐怖，因此她对律师职业充满了抗拒。

从小到大，父母对她都极其严厉。二老在她面前总是说一不二，她自己毫无发言的权利。久而久之，她越来越不喜欢说话，并且逐渐变得内向、沉默。她依照父母的期待，考

收起你的玻璃心，碎给谁看

上了知名的法学院，毕业之后在一家律师事务所做见习律师。每天的工作是如此枯燥、繁忙，让她有些无所适从。

因此，一下班她就抱着手机看小说，与她"高大上"的律师身份格格不入。其实从小她就有一个梦想——成为一个作家，用笔触勾勒出脑海中丰富多彩的世界。

在工作之余，李可尝试着写起了心里的故事，并将其发表在一个文学网站上。她尤其钟爱侦探小说，因此第一次下笔就选择了这一题材。令她喜出望外的是，才写了几万字便得到了很多网友的点击和评论。很多人夸赞她悬念设置得好，文笔也很简练有力道。

晚上忙于创作小说，因此，白天的工作就受到影响。因为一次失误，上司毫不犹豫地开除了她。而李可却并没有为此伤心落泪，反而没日没夜地创作起小说来。

没过多长时间，父母知道了这一切，雷霆大怒，指责李可自私、不负责任。李可哭着解释说自己根本不喜欢律师行业，而是喜欢文学创作。父亲听后斜眼看着她，冷笑道："写网络小说是一个正经的职业吗？你觉得你能成为一个作家？太可笑了！"

亲戚们知道这件事后，轮番来劝说她。李可敏感地意识到，大家其实都是抱着一种看笑话的态度来看待她的梦想。没有人觉得她会成功。她并没有因此就放弃文学创作，而是顶住巨大的压力，继续走自己的创作之路。父母见女儿不妥

第八章　强化心理韧性，让孤独成全你的与众不同

协，便又发动李可的朋友、同学来劝说她。其中一名男同学的话深深地刺伤了李可的心："你放着好好的律师不当，去写小说，简直是脑子进水了！"

李可对这些评价十分介意。在巨大的压力下，她最终选择了放弃文学创作这条路。然而，正当她重新投简历，找律师工作的时候，一位知名编辑找上门来，坦言自己在网上看到了李可写到一半的小说，很欣赏她的作品。她鼓励李可继续完成创作，并声称自己可以帮助李可出版小说。

在这个小插曲出现后，李可重新审视了自己。她决定忽视那些风言风语，坚持写下去。就这样，她没日没夜地写了小半年，直到第一本小说顺利完成。让李可身边的人大吃一惊的是，这本小说因为口碑很好，被评为当年最优秀的网络小说之一。后来不仅顺利出版成书，而且版权还被一家影视公司以巨资买走，改编成电影。如今，李可已经成为专职作家。

玻璃心的人在遭遇挫折时，适应能力往往很差。他们脑海中的敏感神经比一般人发达，所以那些恶性评价带给他们的刺激往往较常人大。一个嘲笑的眼神，一句质疑的话语足以让他们深陷情绪的黑洞，难以自拔。因此，玻璃心的人想要自我拯救，就一定要加强自己适应、战胜挫折的能力，逐步增强心理韧性。尤其是在追梦的途中，对梦想的坚持往往会让你披荆斩棘、一往无前。

收起你的玻璃心，碎给谁看

首先你要明白，但凡伟大的理想，一开始往往会面临被忽视的"待遇"，然后则是被质疑、被嘲笑，乃至被群体反抗。请记住，被嘲笑的梦想才值得坚持。如果因为害怕他人嘲笑就止步不前，那么你永远无法成为梦想中的自己，因为光做梦是无法成功的。

拥有一颗玻璃心的你，如果想要突破性格的局限，加强心理韧性，就需要征服那些让自己恐惧的事。追求充满挑战的梦想，最能锻炼你的胆量。如果只因他人嘲笑的目光，就变得胆怯，不敢正视内心真实的渴求与想法，那么你只配拥有幻想，而不是梦想。追梦路上，往往是你一生中遭受嘲笑最多的时候。

无论在哪个年代，人们总对勇敢追梦的人抱有一种天生的敌意。尤其是那个勇敢追梦的人和自己一样，是个普通人的时候，他们的嘲笑会愈发肆无忌惮。追求梦想时，不妨试着放下敏感，放宽心态，把其当成一次绝佳的自我锻炼机会。只要你能勇敢地走过这一段艰辛的人生历程，你就会发现，你的灵魂愈发丰满，内心愈发坚强。那些嘲笑的言论对你而言，几乎没有了杀伤力。

第八章　强化心理韧性，让孤独成全你的与众不同

6. 做点看似"无用"的事

白岩松曾提倡，不妨做点看似"无用"的事。玻璃心的人最害怕成为"无用"的人，他们对待他人的方式无外乎有两种：一种是浑身长满"倒刺"，永远站在他人的对立面；另一种是无限放低自己，甚至不惜牺牲自己的时间、利益，来换取别人的在意与肯定。

以后一种方式行事的，大多是讨好型人格的人，他们内心严重缺乏安全感。为了获得大家的好感与认同，他们会努力逼迫自己去做别人眼里"有用"的事、"应该做的"事，哪怕自己对此并不热衷。然而，一味地讨好，拼命压抑内心的真实需求换来的却是面目全非的自己和毫无期待可言的人生。

如果你感兴趣的生存方式在别人眼中是"无用"的、被嘲笑的，那么不妨逆水行舟，坚持一个人走下去。因为凡事都有无限可能，也正因为如此，世界才变得丰富多彩。谁也无法知晓，那些暂时看起来无足轻重的事，是否会在将来让你大放异彩。虽然这些经验一时无法"变现"，成为账面上的财富，但你却可以在这段孤独的体验中收获快乐，收获一

收起你的玻璃心，碎给谁看

个坚韧不拔的自己。

大学四年，秦峰将自己变成了一只陀螺，每天忙得团团转。室友一句"我觉得你太内向"，就让他惶恐不已；为了锻炼口才，他一口气报名了好几个社团；父母听了亲戚的意见，越发觉得秦峰报考的专业不够热门，便整天逼着他换专业；到了大三，周围的同学都在准备考研，氛围变得越发紧张起来，而秦峰便也稀里糊涂地加入了考研的大军……

考研比换专业要难得多，秦峰两次备考，接连失利。此时，身边的同学绝大部分都找到了不错的工作，也有很多考上了心仪的学校。像秦峰一样毫无着落的人屈指可数。

那段时间，他只觉得身心俱疲。为了平复心境，他开始跑步健身、看书、看电影、听音乐、练书法，不断用这些"无用"的事来充实自己。见儿子如此不争气，父母也是整日唉声叹气。于是秦峰背上背包，坐上了南下的火车，来到了慵懒而宁静的云南。

他住在青年旅社，坐公交去看稻田、苍山、洱海，下雨时便坐在窗前写一些心灵感悟。两个月后，秦峰回到家中，在和父母进行简短的告别之后，便收拾行李来到了北京。一开始找工作时，他总是碰壁，但之后却慢慢变得顺利了。在去一家知名互联网公司面试时，秦峰和该公司的总监聊得很投缘，在谈到之前的那段经历时，秦峰说："如果大家都一

第八章 强化心理韧性，让孤独成全你的与众不同

窝蜂地去做那些重要紧急的事，那我就去做那些看起来没用，也赚不了大钱的事吧。"

总监赞赏地说道："如今的社会上，像你这样耐心又有激情的人不多了。"虽然秦峰最后没有去那家公司上班，但却和那位总监成了好朋友。后来，秦峰去了一家新兴的传媒公司上班，闲暇时间，他喜欢健身、看书、撰文，工资虽不高不低，但日子却过得有滋有味。

一年后，微信公众号突然火爆。秦峰写的文章被很多"大V"转载，引来超高的点击率。于是秦峰干脆设立了属于自己的公众号，做起了自媒体。如今的他，已是中层的管理人员，而他私人公众号也经营得风生水起。秦峰说，那段无所事事、四处游荡的经历丰富了他的内心，涤荡了他的灵魂，是健身、写文、看风景这些看似"无用"的事成全了他。

在这个浮躁的社会里，大家做事习惯用"有没有用""赚不赚钱"来衡量，这似乎成了唯一的评判标准。所以下面这些声音经常不绝于耳：

"学历史？学哲学？这些偏门专业毕业后根本找不到工作，光读书能填饱肚子吗？！"

"你做的又不是英语专业的工作，又不出国，学什么英语？"

"你又不当网红，又不是作家，写什么公众号？"

收起你的玻璃心，碎给谁看

玻璃心的人听到这些言论之后，必定会如鲠在喉，他们只敢在心里小声说："是啊，我也不知道做这些事情有什么用，可我就是喜欢。"为了变成他人眼里"有用"的人，他们努力去做那些似乎很有前途，但自己却并不感兴趣的事，他们看似在努力向前奔跑，但却早已迷失了方向。

哪怕你暂时在那些"有用"的事中得到了一定的物质利益，这也是建立在你主动牺牲自我精神世界的基础上的。这样的生活过得越久，你就越容易在意他人的看法，将自己的自尊放得越来越低。你忽略了自己的需求、自身的闪光点，因此你从未为自己而活过。

向敏感的自我发出挑战的最好方式，莫过于做一些看似无用却真心喜欢的事情。比如说"读万卷书，行万里路"、健身、烹饪、学一个小语种、练习写作等。虽然这些事情并不能让你一下子升官、发财、成名，但却可以满足你的情感需求和精神需求。

它们能开阔你的视野和心胸，让你浮躁的内心变得平静，让你脆弱的灵魂变得强大。它们可以使你认识到，人生的意义并不仅仅在于买房、挣钱、升职，原来世界是如此广阔，如果我们愿意，完全可以将短暂的一生过得多姿多彩、深邃厚重。这些貌似"没用"的东西可以支撑你一步步地成长。

更何况，很多机遇都藏在这些看似"没用"的事情里。白岩松说："我们总认为'闲逛'是没用的，我们讲究'直达'，工作、生活都是功利地直奔目标，过程几乎可以忽略不计……'无聊'某种意义上也是创造的重要母体，没有无聊，无聊之中所诞生的某些千奇百怪的、天马行空的创意也就消失了"。那些"无用"的事激发出的创造力远远超过了你的想象。

那些"无用"的事可以说是治愈你那颗敏感、脆弱之心的良药。当你习惯了与自己对话，习惯了仰望天空后，曾经那个不断通过满足别人来获得自我价值感的低自尊的你会逐步消失，取而代之的，将是真正顽强坚韧、乐观积极的自己。

7. 倾听内心的召唤，不要什么都被外人所左右

曾有一位网友这样自述道："过于敏感，就像戴上了镣铐，他人的一举一动无不牵动着我内心的情感。"玻璃心的人注定会活得辛苦，因为他们太容易被他人的想法所挟持。

如果一味地活在他人的眼光里，那么，就必须按部就班地跟着大众的步伐前进，稍快一步，就会有人会说你张狂；

收起你的玻璃心，碎给谁看

而稍慢一步，又会有人说你蠢笨。因此，你必须迁就大家的脚步，纵然有梦，也不能恣意飞翔。此时，有些情绪你不能说给别人听，有些路你只能孤身前行，听从内心的声音显得尤为重要。

有个寓言小故事是这样说的，动物界举办了一场青蛙马拉松。所有的青蛙妈妈都聚集在赛道两旁，为自己的孩子加油打气。在妈妈们震耳欲聋的喝彩助威下，每一只小青蛙都斗志昂扬地向前跑去。时间一分一秒地过去了，太阳公公高悬头顶，无情地炙烤着大地，而小青蛙们才跑完半程。它们一只只垂头丧气，步履缓慢地向着终点挪移。

妈妈们心疼自己的孩子，一直在说："放弃吧，太难了，终点还有好长一段路程呢。"渐渐地，很多小青蛙都停了下来。只有一只小青蛙仍不屈不挠地向着终点前进。无论青蛙妈妈怎样劝说，它都不为所动。最后，那只小青蛙成为了这场比赛的冠军。

原来那只小青蛙耳朵是聋的，它根本听不见青蛙妈妈们劝说它放弃的话语。它说："我心里一直有一个声音，指引着我不停地前进，那就是我一定要赢！"

玻璃心的人身上好像长满了感知的"触角"，他们越是将"触角"伸向外界，对自己内心需求的关注就越少。所以，无论是思考还是行动，他们都会将他人的评价、情绪状

第八章　强化心理韧性，让孤独成全你的与众不同

态列为一条最重要的参考标准。与此同时，他们的自我意识渐渐模糊，直至彻底消失。

诺贝尔生理学和医学奖得主利根川进博士曾这样说道："我带有某种迟钝，只能依稀看到对大家来说显而易见的东西。"日本作家渡边淳一将其称之为"钝感力"。他解释道：越是玻璃心的人越容易受到伤害，若想规避这一伤害，不妨在与人相处时多一点迟钝与木讷。

渡边淳一举例说，当他还是一个初出茅庐的新作家时，曾参加过一个名为"石之会"的文学沙龙。席间聚集了一大批中年作家，这群人有一个共同的特点，那就是他们刚步入文坛时都曾获得过主流文学新人奖，一度颇受文学界的关注，虽然多年来笔耕不辍，但却还未创作出一本更有影响力的作品。因经历类似，兴趣相投，大家聚在一起惺惺相惜，气氛很轻松、愉快。

那时候，最让渡边淳一欣赏的一位男作家名为O，他文笔细腻，才华横溢，读过他作品的人都会给予他很高的评价。但很少有编辑向这批作家约稿，他们中的大部分都是按照编辑们"写出好的作品来了，请拿给我们"的吩咐，完成一本新书后，送往出版社。

若他们中有人毛遂自荐，编辑们也会敷衍一句"那么，我读一下"，之后杳无音信。当事人若等得不耐烦，就会主

收起你的玻璃心，碎给谁看

动打电话向编辑询问情况，而后者往往会说："暂时无法刊登，只因稿子还不成熟，很多地方都需要修改。"这还不是致命的打击，退稿信才最为致命，当他们接到退稿信时，整个人仿佛都坠入了黑洞，浑身冰寒彻骨，甚至连脑神经都麻木了。

渡边淳一也曾多次遭遇过这种经历。有的编辑嘲讽他根本毫无才华，有的编辑建议他转行，而渡边淳一总是左耳进右耳出，并在事后安慰自己"那个编辑根本不懂小说""发现不了我的才能，真是一个糟糕的家伙"，然后去酒吧痛饮三天三夜。酒醒之后，他对自己说："好啦，我要重整旗鼓。"这时，创作的欲望就会重新涌上心头。

O先生纵使才华横溢，也有过这样的经历。他是个心思敏感、自尊心极强的人，面对编辑"你的作品糟透了，一点卖点都没有""你还是转行吧"之类的评价，他内心苦闷无比。渐渐地，他开始怀疑自己是否真的如那些编辑所言，毫无创作才华。

有一次，渡边淳一打电话向他询问近况，O先生的回应很阴沉、抑郁。渡边淳一劝他说："你不用在意那些，你应该相信自己。"O先生有气无力地回应道："嗯……"

后来，渡边淳一去探望O先生，发现他不是挠头就是叹气，一副斗志全无、死气沉沉的样子。几年之后，O先生逐

第八章 强化心理韧性，让孤独成全你的与众不同

渐淡出文坛。渡边淳一却写出了影响全世界的作品，声名显赫。

如果你太在意他人的看法，以他人的评价作为自己行事的准则，那么即使你极具天赋、才华横溢，恐怕也没有施展拳脚的机会。当然，人是社会性的动物，在成长过程中，会不可避免地受到外界的羁绊。当外界的声音太刺耳、太嘈杂时，不妨收回大部分"触角"与注意力，让自己变得迟钝、木讷一点。

我们更需要关注的是我们内心真正的需求，正如乔布斯所言："一定要听从内心和直觉的召唤。"最悲哀的活法莫过于被他人的立场、情感所绑架，活得亦步亦趋，人云亦云。记住，活着，就是要勇敢地做自己；想要找到属于自己的方向，就得学会聆听内心深处的声音。

不要让别人替你做决定，你需要花更多时间和自己谈谈心。不要纠结于来自外界的干扰，不要太关心他人的想法，想要迎合所有人、取悦所有人是一件根本无法实现的事情。在应付闲人琐事的时候可以变得迟钝一点，因为这不值得我们耗费如此多的时间与精力。

你平时可以多读书，多学习，积极开阔眼界、增长见闻，帮助自己树立正确的人生观与价值观，并培养理智客观的思考方式。当你习惯了独立思考，才不容易被外人所左

收起你的玻璃心，碎给谁看

右，才会明白自己真正需要的是什么，最想追求的是什么。如此一来，脚下的路自能走得稳妥、走得长远。

8. 增强内心的滤镜功能，所有敏感困扰将不攻自破

敏感型人格的你，是如何看待这个世界的呢？网上有人用这样一段话形容："有一些玻璃心的人是透过一种滤镜看这个世界的，在这个滤镜的作用下，他们看到的世界有着更高的对比度和饱和度。因此他们一直是用一种更生动、更激烈的方式感受着这个世界。"

这枚滤镜让你所有细微的情绪都变得更鲜明。那么，如何将内心的敏感转换成真正的共情呢？你可以试着让这枚滤镜升级换代，突出好的情绪，过滤坏的情绪，那么所有敏感带来的困扰就会迎刃而解。

看过电影《阿甘正传》的人都会为阿甘精彩的人生经历惊叹。然而，仔细思考一下，阿甘的人生真的是如此丰富多彩，充满幸运吗？我们观众看电影的时候，都是顺着阿甘的视角去看，在阿甘看来，人生中处处是美景，他所遇到的每一个人都如此有趣、心怀善意。

可以说，阿甘心里藏着一枚特殊的滤镜。若不带滤镜去

第八章　强化心理韧性，让孤独成全你的与众不同

看他真实的人生，你会发现很多残酷的现实。他生来就智商低下，父亲早逝，母亲为了养活他饱受欺辱。别人的捉弄与嘲笑于他而言是家常便饭。为了躲避这一切，他开始奔跑，因此才练就了超强的忍耐力。

中学时，他为了躲避别人的欺负，跑进了学校的橄榄球场。场上的人为他的长跑能力惊叹，向他伸出了橄榄枝。就这样，他成为了一名橄榄球员，并因此进入大学。后来，阿甘成为橄榄球巨星，还受到了总统的接见。人生至此，似乎是光明无限、无憾事。但好景不长，阿甘被征召入伍了。在越南战场上，他失去了最好的朋友布巴，自己也负伤退伍。

为了替好友圆梦，他拿出所有的钱买了一艘捕虾船，虽然日日出海，成果却很不理想。尽管如此，阿甘却始终乐观自信。等他坚持到最后时，幸运从天而降。靠着捕虾船，他和同伴丹中尉积累了很多财富。历经这种种之后，阿甘最终回到了家乡。

而阿甘倾慕的女子珍妮却与他形成了鲜明对比。珍妮的出生几乎和阿甘一样不幸，她的敏感脆弱导致她的人生走向万劫不复的境地。珍妮自小生长在单身父亲暴虐的阴影下。长大后的她，始终对幼时的遭遇耿耿于怀，加上在现实生活中屡屡受挫，她变得自甘堕落，甚至选择用毒品来麻痹自己。虽然最后她回到了阿甘身边，但却付出了生命的代价。

收起你的玻璃心，碎给谁看

如果珍妮做出了和阿甘一样的选择，带着滤镜去看待周围的世界，那么美好的事情将会围绕着她，而坏的事情就会变得模糊，逐渐被忽视、被淡忘。那么她心里的伤痕迟早会被治愈。

玻璃心的人若想保护自己，不妨试着加强内心的滤镜功能。即使生来就一副玻璃心，好好锻造，也能炼成"钢化玻璃"。你的眼中充满光亮，世界就充满光亮；你的心里充满芬芳，世界将时时散播芳香。如果你一味地沉浸在孤独痛苦的情绪里无法自拔，那么你的世界只会充满灰暗。

难受的时候，先审视自我：我的情绪究竟来自哪里？很多人敏感脆弱，起因可能是一段失败的经历，一个落空的愿望。这时候不要老是幻想"假如我成功了会……""失败了只会……"而应该将注意力倾注于积极的一面；或者变得迟钝一点，清空脑袋，什么都不想。

很多人浑身充满负能量，而原因却出在身边的人身上。这时候不妨问自己一个问题：我有责任承担他人的情绪吗？情绪是会传染的，对于玻璃心的人来说尤其如此，他们更容易受到他人影响。当他人情绪激动或者浑身充满戾气的时候，你要克制住自己，冷静地回应对方。

我们要站在对方的角度想问题，理解对方的感受，但同时我们也要避免深陷对方的情绪而无法自拔。就拿阿甘来

第八章 强化心理韧性，让孤独成全你的与众不同

说，阿甘后来退伍，回到国内，遇到了以前的上司丹中尉，后者在越南战场上失去双腿，从此变得暴戾、阴暗。丹中尉永远怒气冲冲，浑身充满负能量，阿甘却不受影响，反而用自身的乐观、积极感染了丹中尉。使他重新振作了起来，并打拼出属于自己的精彩人生。

所谓"祸兮，福之所倚；福兮，祸之所伏"，坏的事情里总藏着好的一面。用内心的滤镜来放大这世上的美好，幸运就会不期而至。至于那些真正改变不了的人与事，我们不妨选择规避。

远离那些让自己不开心的人和让自己一再受挫的事，远离让自己敏感的环境，并不是懦弱的表现，反而是对自己的一种保护。就像对于体质天生较弱的人来说，不去淋雨，不去流感爆发之地就是对自己最基本的保护一样。如果我们内心的滤镜无法"美化"那些让我们感到敏感、不适的环境，那么就去适当回避，因为这是最直接、有效的方式。

还有一个好方式就是，将生活当成"猴子爬树"。无论处于怎样恶劣的环境，明智的做法都是将大部分时间和精力用来提升自己、充实自己。等你埋头爬到树的顶端，往下看时，全是笑脸，而不是"猴子屁股"。等你拥有了足以比肩成功人士的能力时，你内心的滤镜也将自动调试到最强大的功能，全世界都会对你和颜悦色。

收起你的玻璃心，碎给谁看

其实，我们生存的世界是千变万化的。不同的为人处世方式，将收获不同的结果。若你喜欢计较，则所有的人都会跟你过不去；若你时时心里不平衡，则大家都不会公平地对待你。若你的眼中一片黑暗，则世界从此便只剩苟且，没有诗情画意，也没有梦和远方。

罗丹说："这世界并不缺少美，而是缺少发现美的眼睛。"我们不妨戴上滤镜，用美的眼光去看待这个世界。如果我们过滤那些嘈杂刺耳的声音，将那些善意记在心里，那么原本困扰你的烦恼就会消失大半，原本怨声载道、郁郁寡欢的你也将一去不复返。

9. 夯实内心的自信根基，你将百毒不侵

《甄嬛传》中，安陵容给人留下了深刻的印象。她容貌清丽，心思深沉，歌喉动人，善于制香和冰嬉，这样一位多才多艺的女子，最后却落得一个"自戕"的悲惨结局，令人唏嘘不已。细究她的一生，你会发现，安陵容败就败在太过于敏感。

安陵容在选秀时，因一场误会认识了甄嬛与沈眉庄，之后三人一同入宫，时常聚在一起谈心。然而，她骨子里的患

第八章　强化心理韧性，让孤独成全你的与众不同

得患失让她与甄嬛和沈眉庄渐行渐远。甄、沈的诸多无意乃至善意之举都被她解读为恶意的嘲讽、奚落，她的败局从此时便已注定。

有一次，三人坐在一起聊天。甄嬛的侍女浣碧为她们斟茶，眉庄夸浣碧心灵手巧，感叹在这深宫里，还是自幼服侍、自己带进宫的婢女最为稳妥。安陵容听后便低下头来，眼里露出哀伤的神色。依照她的性格，她极有可能认为沈眉庄是瞧不上出身寒酸的自己。

甄、沈二人见安陵容脸色不对，很怕她多想。为了安抚安陵容，甄嬛特意将自己的一个侍女调去安陵容的寝宫，以照顾她的饮食起居。眉庄也拿出布匹给安陵容做衣裳。安陵容当时表现得很感动，事后却时常喟叹自伤。以她敏感的性子，恐怕越是回想这件事，越觉得不甘：都是一同进宫的小主，凭什么她们要如此施舍我？隔阂就此埋下。

生活中，像安陵容这般敏感脆弱的人有很多。哪怕他们手里抓着一副好牌，也会生生浪费。如果你也是这样的人，那么你一定要认真地自省，恰当地定位，勇敢地突破目光的局限，逐步建立起自信。唯有自信才能点燃希望的灯塔，将你的潜能发挥得淋漓尽致。

建立自信的第一步是悦纳自己。客观地分析自己的长处、优势及性格上的短板、弱点。我们身边那些玻璃心的人

收起你的玻璃心，碎给谁看

不是一味自视过高，就是拼命贬低自己，或者不断徘徊在这两种状态之间。其实这两种心态都不可取。我们应该做到理性评价自己，为之后的蜕变做铺垫。

建立自信的第二步是直面事实，走出创伤。有句话叫做"要么被黑洞吞没，要么改变自己"。在我们决定同过往的自己告别前，先直面压抑你的所有痛苦，勇敢穿越那些充满伤痛的过往。

在整整三年时光里，一只小狗都紧紧缩在武汉市武昌区学院路墙洞深处，从未见过它出来溜达、晒太阳。附近的人告诉网友，在三年前，这只小狗在这里亲眼目睹自己的母亲被过路的行人打死，它内心充满恐惧，飞快地蹿入路边的墙洞。从此，墙洞就成为了它的保护所，它只会趁人不在的时候偶尔探出头来透透气。即使好心人送来吃的，它也表现得小心翼翼。

小狗内心饱受创伤，对人类充满了不信任。如果它不主动走出墙洞，可能这一辈子都只能活在黑暗中。其实，玻璃心的人内心都住着一只受伤的小狗。他们带着创伤走入成人的世界，虽然他们表现得不如小狗那般极端，但性格上的患得患失、自卑敏感已经成为一种"诅咒"，时时阻碍着他们前进，阻碍着他们成为更强大、自信、美好的自己。

唯有勇敢面对伤痛，积极走出阴影，才能彻底拆掉你心

第八章 强化心理韧性，让孤独成全你的与众不同

里的那堵墙。心理治疗的全部过程是：看见自己的创伤—毁掉陈腐的内在世界—让阳光透进心灵—重建内在世界—淡忘过去的伤痛，活在当下。这个过程虽苦，却往往苦中有甜。再有经验的心理治愈师也只能帮助你加快这个过程，不可能让你跳过这个过程，直接收获甜美的结局。

如果你暂时做不到快速转换心态，那么不如借助外物，来帮助自己一点点建立自信。比如说，通过改变穿着、打扮，改变生活方式来增强存在感。不够自信的人通常十分在意他人的感受，甚至直接赋予了外人随意评价自己的权利。敏感的你，不妨通过借助外物变成世俗眼中更"完美"的人。

如果你的身材不够好，那就积极地跑步、健身。运动对于提升自信有着诸多益处，当你的身材博得大家一致的称赞时，你自然会自信许多。如果你对自己的长相不太满意，那就去学习更高明的化妆技巧，更换更有品味的穿衣风格。这些都是提升颜值和气质的"利器"。

如果你为自己一无所长而感到自卑，那就循序渐进地去发展一个爱好，学习一项技能，或者深扎一个领域，不断"修炼"自己。你对自己的任何不自信，几乎都可以找到改变的方法，前提是你得忍受努力过程中的艰辛与孤独。但是进步带来的喜悦感是无与伦比的，它可以让你由内而外地发

收起你的玻璃心，碎给谁看

生蜕变，整个人都笼罩在自信的光辉里。

想要获得自信，就一定要学会自我激励。没有谁的人生是一帆风顺的，我们都将经历失败、挫折，都会有特别沮丧、消极的时刻，这很正常。我们要尽快地走出消极情绪，多给自己积极的心理暗示，告诉自己"我能行，我可以""再尝试一次一定能成功"。

如果这些话产生不了太大的作用，那就不妨回忆一下那些令你自信、自豪的事情，或者一一列举自己的闪光点，多多夸奖自己。某 TED 演讲者说，他换了新工作后，业绩极其差，家人、同事都不认可他的努力，觉得他还不如回到老本行。然而，他本人却无时无刻不在积极地鼓励自己，他不断回想这一生的光辉时刻，如：成功拿到博士学位，拥有一个幸福的家庭，拥有三个优秀的孩子……他不断鼓励自己，最终熬过了那段时光，创下了傲人的事业。

太多的敏感源于不自信，若我们能正视自身的优缺点，直面那些过往的伤痛，以此为基础，让自己变得更勇敢、更完美、更优秀，自然可以在心里建立起一座自信的城墙。